Lecture Notes in Operations Research and Mathematical Systems

Economics, Computer Science, Information and Control

Edited by M. Beckmann, Providence and H. P. Künzi, Zürich

45

K. Wendler

Universität Mannheim

Hauptaustauschschritte (Principal Pivoting)

Springer-Verlag

Berlin · Heidelberg · New York 1971

AMS Subject Classifications (1970): 90 C xx, 65 F xx, 68 A 10

ISBN-13: 978-3-540-05431-3   e-ISBN-13: 978-3-642-95211-1
DOI: 10.1007/978-3-642-95211-1

Offsetdruck: Julius Beltz, Hemsbach/Bergstr.

V o r w o r t

In den letzten Jahren ist in einer Reihe von Arbeiten [3, 5, 6, 10, 15]
die Bedeutung der Hauptaustauschschritte (principal pivotal transforms)
in der Optimierungstheorie herausgestellt worden. In theoretischer Hin-
sicht besteht sie in einer Reihe von Invarianzsätzen für diese Transformation sowie in einer Reihe von Existenzsätzen für Lösungen des sog.
Fundamentalproblems, für die der Algorithmus der Hauptaustauschschritte
(z.B. von GRAVES [10]) konstruktive Beweise liefert. Die Konvergenz-
und Degenerationsproblematik ist eine interessante Erweiterung der entsprechenden Gegebenheiten beim Simplexverfahren.

Diese Arbeit soll einerseits eine einheitliche Darstellung des Problem-
kreises sein, beginnend mit dem grundlegenden Begriff der kombinato-
rischen Äquivalenz zwischen Matrizen. Sie enthält aber auch einige An-
satzpunkte für weitere Untersuchungen, etwa über die durch den Algorithmus induzierte Entartungsstruktur des Fundamentalproblems.

Fräulein D. Krämer möchte ich für die Erstellung des Manuskripts meinen
Dank aussprechen.

Bonn, im Dezember 1970

K. Wendler

I n h a l t

<u>Z u s a m m e n f a s s u n g</u>

Dieses Heft beschäftigt sich mit Hauptaustauschschritten (engl. principal pivoting, complementary pivoting). Zuerst führen wir A u s -
t a u s c h s c h r i t t e (in der allgemeinen Form des "Blockaus-
tauschs") und den durch sie definierten, von TUCKER [14] stammenden Begriff der k o m b i n a t o r i s c h e n Ä q u i v a l e n z zwischen Matrizen ein. Jede Klasse kombinatorisch äquivalenter Matrizen
kann man als einen Graphen G auffassen. Im Laufe der Arbeit werden verschiedene Untergraphen von G betrachtet, am ausführlichsten der durch
H a u p t a u s t a u s c h s c h r i t t e definierte Untergraph G^H.
Ein Hauptaustausch ist ein Blockaustausch mit einer in der zu transformierenden (quadratischen) Matrix symmetrisch zur Hauptdiagonalen liegen-
den Pivotmatrix. Für Hauptaustauschschritte gilt nun eine Reihe von
I n v a r i a n z s ä t z e n . Folgende Eigenschaften einer quadratischen Matrix bleiben unter diesen Transformationen erhalten:

1. Schiefe Symmetrie
2. Positive (negative) Semidefinitheit
3. Positive (negative) strenge Definitheit
4. Die Eigenschaft nichtnegativer (nichtpositiver) Hauptminoren
5. Die Eigenschaft positiver (negativer) Hauptminoren.

Dabei sind 2. bzw. 3. Spezialfälle von 4. bzw. 5., und 1. ist Spezialfall von 2. und 4.. Auf Grund dieser Invarianzsätze kann man auf Hauptaustauschschritten beruhende A l g o r i t h m e n angeben, die das
sogenannte F u n d a m e n t a l p r o b l e m unter diversen Voraus-
setzungen lösen:

$$(i) \qquad A\,x + y = a$$
$$(ii) \qquad x \geqq o \,,\, y \geqq o$$
$$(iii) \qquad x'y = o \;.$$

Einem Fundamentalproblem dieser Form äquivalent sind z.B. die lineare
Optimierung, die konvexe quadratische Optimierung mit linearen Restrik-
tionen, Zweipersonen-Nullsummenspiele, aber auch Zweipersonen-Nichtnullsummenspiele (Bimatrixspiele).

Wir wollen hier den von GRAVES [10] vorgeschlagenen Algorithmus behan-
deln. Er wird für den Fall der quadratischen und linearen Optimierung
vorgeführt und später mühelos auf allgemeinere Fälle übertragen. Das
Verfahren von GRAVES hat den Vorteil, daß ausschließlich Hauptaustauschschritte verwendet werden, so daß von den Paaren komplementärer Variabler stets genau eine in der Basis und eine nicht in der Basis ist. Bei
anderen Verfahren zur Lösung des Fundamentalproblems (i), (ii), (iii)
kann dagegen die Bedingung (iii) vorübergehend verletzt sein (LEMKE
[13], COTTLE [3], COTTLE und DANTZIG [5], DANTZIG und COTTLE [6]). Auf
Grund des oben genannten Umstands können wir die Matrizenschreibweise
recht weit beibehalten, wodurch die Darstellung übersichtlicher wird,
als wenn man jeden Blockaustausch in einzelne Austauschschritte zerlegt.

Gegenüber älteren Verfahren der quadratischen Optimierung hat der darzustellende Algorithmus ebenso wie die übrigen oben genannten Methoden
den Vorteil, daß man am Anfang keine zulässige Basislösung zu kennen
braucht. Man arbeitet ja nicht mit erfüllten Bedingungen (i) und (ii),
sondern mit erfüllten Bedingungen (i) und (iii).

Die Konvergenz- und Degenerationsbetrachtungen sind weitgehend analog
wie beim Simplex-Verfahren. Durch Verwendung der lexikographischen Ordnung zwischen Vektoren und andere Vorkehrungen kann man Konvergenz er-
zwingen. Die hierbei konstruierte streng monotone Funktion hat interessanterweise mit der gegebenen Optimierungsaufgabe überhaupt nichts zu
tun. In der Praxis wird man allerdings i.a. ohne besondere Vorkehrungen
für Degeneration zum Ziel kommen. Je nach Vorgehen erhält man verschie-

dene Untergraphen G_{bz} und G_z von G^H. In der Struktur dieser Graphen spiegelt sich die Entartungsstruktur des betreffenden Problems bezüglich des Algorithmus wider. Es wird versucht, diese Struktur ein wenig aufzuhellen. Hierbei stellt sich ein Zusammenhang mit einer Partition eines gewissen Raumes in lauter konvexe polyedrische Kegel heraus.

Der dargestellte Algorithmus liefert dann konstruktive Beweise für die Lösbarkeit des Fundamentalproblems (i), (ii), (iii) in den folgenden Fällen:

1. A schiefsymmetrisch und (i), (ii) konsistent.
   Spezialfälle: Lineare Optimierung, Zweipersonen-Nullsummenspiele.

2. A negativ semidefinit und (i), (ii) konsistent.
   Spezialfall: Konvexe quadratische Optimierung.

3. A streng negativ definit, ohne Voraussetzung an (i), (ii).
   Lösung eindeutig.
   Spezialfall: Streng konvexe quadratische Optimierung.

4. A mit negativen Hauptminoren, ohne Voraussetzung an (i), (ii).
   Lösung eindeutig.

Im Fall der Bimatrixspiele ist das Fundamentalproblem nicht mittels strenger Hauptaustauschschritte lösbar, weil der entsprechende Invarianzsatz fehlt. Hierzu kann das Verfahren von LEMKE [13] dienen, das mit fast-komplementären Lösungen des Systems arbeitet.

B e z e i c h n u n g e n

In dieser Arbeit mögen Matrizen und Vektoren stets reellwertig voraus-
gesetzt sein. Die $(m \times n)$-Matrix A hat m Zeilen und n Spalten, der n-Vektor x hat n Komponenten. Die Elemente von A werden mit a_{ik} $(i=1,\ldots,m,$
$k=1,\ldots,n)$ bezeichnet, die Komponenten von x mit x_k und diejenigen eines zusammengesetzten Vektors $A\,x$ mit $[A\,x]_i$. Oft geben wir nur das
Format einer Matrix an, die Dimensionen der mit ihr verknüpften Vektoren
seien dann jeweils passend gewählt. Vektorungleichungen sind stets komponentenweise zu verstehen. Es bedeutet $x > 0$ also $x_k > 0$ für alle
k. Mit I bezeichnen wir die Einheitsmatrix, mit E die Matrix aus lauter
Einsen und mit O die Matrix aus lauter Nullen. Der Nullvektor wird mit
o und der Vektor aus lauter Einsen mit e bezeichnet. Die Formate bzw.
Dimensionen ergeben sich aus dem jeweiligen Zusammenhang.

Sei A eine $(n \times n)$-Matrix, und seien $I, K \subseteq \{1, 2, \ldots, n\}$ zwei Indexmengen.
Dann bezeichne A^I_k die Untermatrix von A, die aus A durch Streichen der
Zeilen $i \in I$ und der Spalten $k \in K$ entsteht. Gilt $\#I = \#K$ $(\# = $ Anzahl$)$,
so ist A^I_K eine quadratische Untermatrix von A, und ihre Determinante
$|A^I_K|$ heißt dann ein M i n o r . Im Falle $I = K$ heißt A^I_I eine
H a u p t u n t e r m a t r i x und ihre Determinante $|A^I_I|$ ein
H a u p t m i n o r von A. Für eine zusammengesetzte Matrix $A + B$
schreiben wir entsprechend $[A + B]^I_K$ und $|[A + B]^I_K|$.

1. Kombinatorisch äquivalente Matrizen

Seien die $(m \times n)$-Matrix A und der m-Vektor a fest vorgegeben, sei ferner x ein n-Vektor und y ein m-Vektor. Wir betrachten das Gleichungssystem

$$(1) \qquad \qquad A\,x + y = a$$

und spalten dieses auf in zwei Gruppen von Gleichungen und Variablen:

$$(2) \qquad \begin{aligned} A_{11}x_1 + A_{12}x_2 + y_1 &= a_1 \\ A_{21}x_1 + A_{22}x_2 + y_2 &= a_2 \ . \end{aligned}$$

Sei nun die Teilmatrix A_{11} von A quadratisch und nichtsingulär. Wir lösen die erste Gleichung von (2) nach dem Teilvektor x_1 auf:

$$x_1 = -\,A_{11}^{-1}\,y_1 - A_{11}^{-1}A_{12}\,x_2 + A_{11}^{-1}a_1 \ ,$$

setzen dies in die zweite Gleichung ein und erhalten das zu (2) gleichwertige System:

$$\begin{aligned} A_{11}^{-1}\,y_1 + A_{11}^{-1}A_{12}\,x_2 + x_1 &= A_{11}^{-1}a_1 \\ -A_{21}A_{11}^{-1}\,y_1 + (A_{22} - A_{21}A_{11}^{-1}A_{12})\,x_2 + y_2 &= a_2 - A_{21}A_{11}^{-1}a_1 \ . \end{aligned}$$

Setzt man hier

$$(3) \qquad \begin{aligned} A_{11}^{*} &= A_{11}^{-1} \\ A_{12}^{*} &= A_{11}^{-1}\,A_{12} \\ A_{21}^{*} &= -\,A_{21}\,A_{11}^{-1} \\ A_{22}^{*} &= A_{22} - A_{21}\,A_{11}^{-1}\,A_{12} \\ a_1^{*} &= A_{11}^{-1}\,a_1 \\ a_2^{*} &= a_2 - A_{21}\,A_{11}^{-1}\,a_1 \ , \end{aligned}$$

so hat man

$$(4) \qquad \begin{aligned} A_{11}^{*}\,y_1 + A_{12}^{*}\,x_2 + x_1 &= a_1^{*} \\ A_{21}^{*}\,y_1 + A_{22}^{*}\,x_2 + y_2 &= a_2^{*} \ . \end{aligned}$$

Dies ist ein System von derselben Form wie (2). Gegenüber (2) sind in (4) die Komponenten der beiden Teilvektoren x_1 und y_1 miteinander vertauscht. Die Lösungsmenge der beiden Gleichungssysteme (2) und (4) ist dieselbe.

1.1 __Definition:__ Der Übergang vom System (2) zum System (4) bzw. die
Transformation

$$(5) \quad (A,a) = \begin{pmatrix} A_{11} & A_{12} & a_1 \\ A_{21} & A_{22} & a_2 \end{pmatrix} \longrightarrow \begin{pmatrix} A_{11}^* & A_{12}^* & a_1^* \\ A_{21}^* & A_{22}^* & a_2^* \end{pmatrix} = (A^*,a^*)$$

heißt ein A u s t a u s c h s c h r i t t an (A,a) mit der
P i v o t m a t r i x A_{11}.

Im System

$$(1) \qquad\qquad (A,I) \begin{pmatrix} x \\ y \end{pmatrix} = a$$

stellt die Einheitsmatrix I eine Basis des von allen Spaltenvektoren
der Matrix (A,I) aufgespannten Raumes dar. Die zugehörigen Variablen
y_j (j=1,...,m) heißen daher auch B a s i s v a r i a b l e , während
die x_i (i=1,...,n) N i c h t b a s i s v a r i a b l e heißen. Im
System (4) sind die Komponenten von x_1 und y_2 die Basisvariablen. Einen
Austauschschritt nach (5) nennt man dann auch B a s i s w e c h s e l .

Ist A_{11} eine (1×1)-Matrix, also ein Element $a_{ik} \neq o$ von A, so stellt
(5) einen Austauschschritt dar, wie er beim Simplex-Verfahren (in der
"kurzen Form", in der die Einheitsspalten nicht explizit auftreten) verwendet wird. Natürlich ist es nicht notwendig, daß die Pivotmatrix A_{11}
in A an einer ausgezeichneten Stelle steht, wie es oben der einfache-
ren Bezeichnung wegen angenommen worden ist. Die Aufteilung der Matrizen (A,a) bzw. (A^*,a^*) gemäß (5) denken wir uns stets nach Durch-
führung geeigneter Zeilen- und Spaltenpermutationen entstanden, d.h.
man hat etwa

$$P A Q = \begin{pmatrix} A_{11} & A_{12} \\ A_{21} & A_{22} \end{pmatrix} \quad\text{und}\quad P a = \begin{pmatrix} a_1 \\ a_2 \end{pmatrix} ,$$

wo P und Q Permutationsmatrizen[1] von der Ordnung m bzw. n sind. Durch eine (2×2)-Pivotmatrix entsteht also allgemein die folgende Aufteilung von A und a:

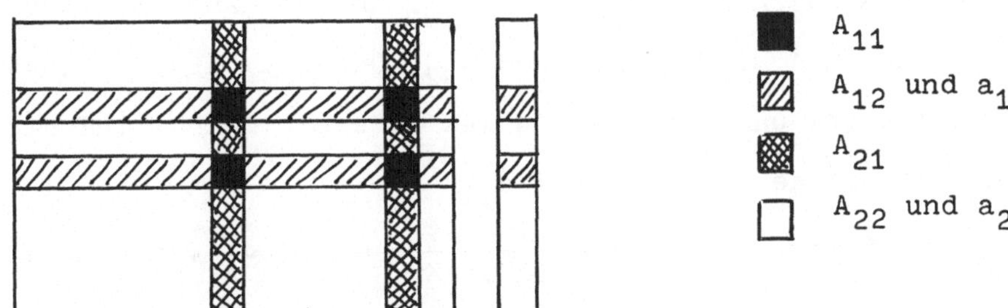

Abb. 1

Da die rechte Seite a des Gleichungssystems (1) bei einem Austauschschritt nach (5) keine ausgezeichnete Rolle spielt (sie transformiert sich so wie diejenigen Spalten von A, die nicht zu A_{11} gehören), können wir uns in Zukunft auf die Transformation der Matrix A beschränken, wenn die Absolutgliedspalte a nicht aus anderen Gründen von Belang ist:

$$(5') \qquad \begin{pmatrix} A_{11} & A_{12} \\ A_{21} & A_{22} \end{pmatrix} \longrightarrow \begin{pmatrix} A_{11}^{-1} & A_{11}^{-1}A_{12} \\ -A_{21}A_{11}^{-1} & A_{22} - A_{21}A_{11}^{-1}A_{12} \end{pmatrix} \; .$$

1.2 <u>Satz:</u> Einen Austauschschritt mit einer (r×r)-Pivotmatrix M kann man für $o \leqq s \leqq r$ stets zerlegen in einen (s×s)-Austauschschritt gefolgt von dem bezüglich M komplementären (r−s)×(r−s)-Austauschschritt. Hierbei erhält man ein System, in welchem gegenüber dem Ergebnis des (r×r)-Schrittes Zeilen bzw. Spalten vertauscht sein können. Ist A_{11} die Pivotmatrix des (s×s)-Schrittes, so gilt für die Determinanten der drei Pivotmatrizen M, A_{11} und M_{22}^{*}

$$(6) \qquad\qquad |M| = |A_{11}| \; |M_{22}^{*}| \; .$$

<hr>

[1]Eine Permutationsmatrix ist eine quadratische Matrix, die in jeder Zeile und in jeder Spalte genau eine Eins und sonst lauter Nullen hat. P permutiert also die Zeilen und Q die Spalten von A.

<u>Beweis:</u> Zunächst einmal hat jede nichtsinguläre $(r \times r)$-Matrix M wenigstens eine nichtsinguläre Untermatrix A_{11} von der Ordnung s $(o \leq s \leq r)$, wie z.B. die LAPLACEsche Entwicklung zeigt. Die Aufteilung von A bezüglich A_{11} sei gegeben durch A_{11}, A_{12}, A_{21}, A_{22} und die Aufteilung von M bezüglich A_{11} durch A_{11}, M_{12}, M_{21} und M_{22}. Gehe M_{22} aus A_{22} hervor, indem man die Zeilen $i \in I$ und die Spalten $k \in K$ streicht. Dann wird nach dem Austauschschritt mit der Pivotmatrix A_{11}

$$M_{22}^* = [A_{22}^*]_K^I = [A_{22} - A_{21}A_{11}^{-1}A_{12}]_K^I = M_{22} - M_{21}A_{11}^{-1}M_{12} \; .$$

Weiter erhält man mit Hilfe des verallgemeinerten GAUSS-Algorithmus für "Übermatrizen"

$$o \neq |M| = \begin{vmatrix} A_{11} & M_{12} \\ M_{21} & M_{22} \end{vmatrix} = \begin{vmatrix} A_{11} & M_{12} \\ O & M_{22} - M_{21}A_{11}^{-1}M_{12} \end{vmatrix}$$

$$= |A_{11}| \; |M_{22} - M_{21}A_{11}^{-1}M_{12}| = |A_{11}| \; |M_{22}^*| \; .$$

Wegen $|A_{11}| \neq o$ folgt also $|M_{22}^*| \neq o$. Man kann also einen zweiten Austauschschritt mit der $(r-s)$-reihigen Pivotmatrix M_{22}^* anschließen. Da A_{11} und M_{22}^* in M komplementär liegen, sind nach den beiden einzelnen Schritten mit den Pivotmatrizen A_{11} und M_{22}^* genau dieselben Variablen in der Basis wie nach dem einen $(r \times r)$-Schritt mit der Pivotmatrix A_{11}. Die beiden Systeme können sich lediglich durch Zeilen- bzw. Spaltenpermutationen unterscheiden.

Aus Satz 1.2 folgt sofort das

1.3 <u>Korollar:</u> Jeden Austauschschritt mit einer $(r \times r)$-Pivotmatrix kann man (abgesehen von Permutationen) durch eine Folge von r Austauschschritten mit einzelnen Elementen als Pivots ersetzen.

Nach Satz 1.2 braucht man dazu die Pivotelemente $\neq o$ nur derart zu wählen, daß sie am Schluß an den 1-Positionen einer Permutationsmatrix stehen. Dadurch wird gewährleistet, daß jeder Index (der zu A_{11} gehört)

genau einmal ausgetauscht wird. Ist es möglich, sämtliche Diagonalelemente als Pivots zu wählen, so treten keine Zeilen- und Spaltenvertauschungen auf.

1.4   <u>Satz</u>:   Eine Folge von beliebigen Austauschschritten kann man (bis
        auf Permutationen) zu einem einzigen Austauschschritt zusammen-
        fassen.

<u>Beweis</u>:   Eine beliebige Folge von Austauschschritten führe das System

$$(7) \qquad \begin{pmatrix} A_{11} & A_{12} \\ A_{21} & A_{22} \end{pmatrix} \begin{pmatrix} x_1 \\ x_2 \end{pmatrix} + \begin{pmatrix} y_1 \\ y_2 \end{pmatrix} = \begin{pmatrix} a_1 \\ a_2 \end{pmatrix}$$

über in das System

$$(8) \qquad \begin{pmatrix} B_{11} & B_{12} \\ B_{21} & B_{22} \end{pmatrix} \begin{pmatrix} y_1 \\ x_2 \end{pmatrix} + \begin{pmatrix} x_1 \\ y_2 \end{pmatrix} = \begin{pmatrix} b_1 \\ b_2 \end{pmatrix}$$

Hierbei sind eventuell Zeilen- und Spaltenvertauschungen vorgenommen
worden, damit die Komponenten von y_1 und x_1 in beiden Systemen dieselbe
Reihenfolge einnehmen. Nun bestehen die beiden Gleichungen

$$A_{11}\, x_1 + A_{12}\, x_2 + y_1 = a_1$$
$$B_{11}\, y_1 + B_{12} x_2 + x_1 = b_1 \; .$$

Betrachtet man nur Lösungen mit $x_2 = o$, so wird

$$A_{11}\, x_1 + y_1 = a_1$$

und

$$B_{11}\, y_1 + x_1 = b_1 \; .$$

Beide Gleichungen haben dieselbe Lösungsmenge $\left\{ \begin{pmatrix} x_1 \\ y_1 \end{pmatrix} \right\}$. Die zweite

Gleichung zeigt, daß die erste stets nach x_1 auflösbar ist. Daraus
folgt, daß A_{11} invertierbar, d.h. nichtsingulär ist. Der Austauschschritt mit der Pivotmatrix A_{11} ist also möglich und führt ebenfalls
zum System (8).

Für das Zusammenfassen zweier Austauschschritte mit disjunkten Variab-
lenmengen gilt die schon hergeleitete Beziehung (6).

Aus Satz 1.4 folgt, daß die Beziehung

(9)   "(B,b) geht durch einen Austauschschritt aus (A,a)
        hervor."

transitiv ist. Da mit A_{11} auch $A_{11}^{-1} = B_{11}$ nichtsingulär ist, ist sie
auch symmetrisch. Die Reflexivität der Beziehung definieren wir durch
den "leeren" Austauschschritt (d.h. $A^* = A$, $a^* = a$), so daß (9) eine
Äquivalenzrelation ist. Das führt zu der folgenden

1.5 <u>Definition:</u> Alle Matrizen, die aus einer gegebenen Matrix (A,a)
     durch Austauschschritte hervorgehen können, heißen die zu (A,a)
     gehörende K l a s s e k o m b i n a t o r i s c h ä q u i v a -
     l e n t e r M a t r i z e n . Sind (A,a) und (B,b) kombinatorisch
     äquivalent, so schreiben wir

$$(A,a): \; :(B,b) \; .$$

Entsprechend werden wir uns auch auf die kombinatorische Äquivalenz von
A und B beschränken, wofür wir A: :B schreiben.

1.6 <u>Satz:</u> Es gilt (-A')::(-B') genau dann, wenn A::B ist.

<u>Beweis:</u> Aus

$$B = \begin{pmatrix} A_{11}^{-1} & A_{11}^{-1} A_{12} \\ - A_{21} A_{11}^{-1} & A_{22} - A_{21} A_{11}^{-1} A_{12} \end{pmatrix}$$

erhalten wir durch Transponieren und gleichzeitiger Multiplikation mit
(-1) unter Berücksichtigung von $(A_{11}^{-1})' = (A_{11}')^{-1}$

$$- B' = \begin{pmatrix} (-A_{11}')^{-1} & (-A_{11}')^{-1}(-A_{21}') \\ -(-A_{12}')(-A_{11}')^{-1} & (-A_{22}') - (-A_{12}')(-A_{11}')^{-1}(-A_{21}') \end{pmatrix} \cdot$$

Wegen

$$- A' = \begin{pmatrix} - A_{11}' & - A_{21}' \\ - A_{12}' & - A_{22}' \end{pmatrix}$$

folgt hieraus die Behauptung.

Satz 1.6 kann man als "Dualitätssatz für kombinatorisch äquivalente

Matrizen" bezeichnen. Es besteht ein grundlegender Zusammenhang mit

der Dualität bei linearen Optimierungsaufgaben. Man vergleiche hierzu

etwa die Beziehung zwischen primalem und dualem Simplex-Verfahren!

1.7 <u>Satz:</u> Ist A quadratisch und nichtsingulär, so gilt A^{-1}: :A.

Zum <u>Beweis</u> wähle man A_{11} = A. Nach 1.3 kann man eine nichtsinguläre

(n×n)-Matrix also invertieren, indem man n Austauschschritte vom Um-

fange (1×1) durchführt und anschließend gegebenenfalls noch Zeilen-

und Spaltenvertauschungen vornimmt.

<u>Beispiel:</u> Wir wollen die Matrix

$$A = \begin{pmatrix} \boxed{1} & -1 & 2 & 4 \\ 2 & -1 & 3 & 6 \\ 0 & \frac{1}{2} & -\frac{1}{2} & 1 \\ \frac{1}{4} & -\frac{1}{2} & 1 & \frac{3}{2} \end{pmatrix}$$

mit Hilfe von 4 aufeinander folgenden einzelnen Pivotschritten inver-

tieren. Die Pivotelemente sind eingerahmt.

$$\begin{pmatrix} 1 & -1 & 2 & 4 \\ -2 & \boxed{1} & -1 & -2 \\ 0 & \frac{1}{2} & -\frac{1}{2} & 1 \\ -\frac{1}{4} & -\frac{1}{4} & \frac{1}{2} & \frac{1}{2} \end{pmatrix}$$

$$\begin{pmatrix} -1 & 1 & 1 & 2 \\ -2 & 1 & -1 & -2 \\ 1 & -\frac{1}{2} & 0 & \boxed{2} \\ -\frac{3}{4} & \frac{1}{4} & \frac{1}{4} & 0 \end{pmatrix}$$

$$\begin{pmatrix} -2 & \frac{3}{2} & 1 & -1 \\ -1 & \frac{1}{2} & -1 & 1 \\ \frac{1}{2} & -\frac{1}{4} & 0 & \frac{1}{2} \\ -\frac{3}{4} & \frac{1}{4} & \boxed{\frac{1}{4}} & 0 \end{pmatrix}$$

$$\begin{pmatrix} 1 & \frac{1}{2} & -4 & -1 \\ -4 & \frac{3}{2} & 4 & 1 \\ \frac{1}{2} & -\frac{1}{4} & 0 & \frac{1}{2} \\ -3 & 1 & 4 & 0 \end{pmatrix}$$

Vertauschen der 3. und 4. Spalte sowie der 3. und 4. Zeile liefert sofort

$$A^{-1} = \begin{pmatrix} 1 & \frac{1}{2} & -1 & -4 \\ -4 & \frac{3}{2} & 1 & 4 \\ -3 & 1 & 0 & 4 \\ \frac{1}{2} & -\frac{1}{4} & \frac{1}{2} & 0 \end{pmatrix} .$$

2. Der Graph der kombinatorisch äquivalenten Matrizen und Hauptaustauschschritte.

Jede Klasse kombinatorisch äquivalenter Matrizen (mit dem Repräsentanten A) kann man auf einfache Weise als einen Graphen G(A) auffassen: Die Punkte von G(A) sind die Matrizen, und zwei Punkte werden genau dann durch eine Kante miteinander verbunden, wenn die entsprechenden Matrizen durch irgendeinen Austauschschritt auseinander hervorgehen. Dieser Graph G(A) ist endlich, weil A überhaupt nur endlich viele Teilmatrizen besitzt, er ist nach Konstruktion zusammenhängend, und er ist vollständig[1], denn nach 1.4 kann man je zwei seiner Punkte (d.h. Matrizen) auch durch einen einzigen Austauschschritt ineinander überführen. Jeder Punkt von G(A) steht für eine bestimmte Vertauschungssituation von Komponenten des n-Vektors x mit Komponenten des m-Vektors y, d.h. für eine bestimmte Basis. Läßt man Permutationen innerhalb der Basis- und Nichtbasisvariablen unberücksichtigt, so gilt für die Anzahl P(G(A)) der Punkte von G(A) offensichtlich

$$(10) \qquad P(G(A)) \leqq \frac{(m+n)!}{m! \ n!} = \binom{m+n}{n} = \binom{m+n}{m}.$$

Dabei gilt das Gleichheitszeichen, wenn alle Austauschschritte möglich sind, d.h. wenn A keine singulären Untermatrizen enthält.

Läßt man nur Austauschschritte mit (1×1)-Pivots zu, so erhält man einen zusammenhängenden Untergraphen $G_1(A)$ von G(A), der nach Korollar 3 genausoviele Punkte aber weniger Kanten als G(A) besitzt. Die Matrizen von $G_1(A)$ mit nichtnegativer Absolutgliedspalte $a \geqq o$ bilden wiederum einen Untergraphen $G_1^+(A,a)$ von $G_1(A)$, in dem sich bekanntlich das Simplex-Verfahren der linearen Optimierung von Punkt zu Punkt fortbewegt. Den Punkten von $G_1^+(A,a)$ entsprechen geometrisch die Ecken des zu-

---

[1] Ein Graph heißt vollständig, wenn jeder seiner Punkte mit jedem anderen durch eine Kante verbunden ist.

lässigen Polyeders

$$(11) \qquad\qquad K = \{\begin{pmatrix} x \\ y \end{pmatrix} \,/\, A\,x + y = a \;,\; x \geqq o \;,\; y \geqq o\} \;.$$

Im Falle der Nichtentartung ist diese Korrespondenz eineindeutig. Das Simplexverfahren zeigt nun, daß man alle kombinatorisch äquivalenten Matrizen einer Klasse mit der Eigenschaft $a \geqq o$ ineinander überführen kann, ohne dabei aus dieser Menge herauszukommen:

2.1 Satz: $G_1^+(A,a)$ ist zusammenhängend.

Beweis: a) Seien (B,b) und (C,c) aus $G_1^+(A,a)$ und mögen zu derselben Ecke des zulässigen Polyeders (11) gehören (Entartung). Dann gilt bekanntlich $c = b$, und es sind gewisse Komponenten b_i von b gerade derart gleich Null, daß man von (B,b) zu (C,b) mittels Simplex-Austauschschritten so übergehen kann, daß die letzte Spalte aller dazwischengeschalteten Matrizen unverändert b bleibt, diese also alle zu $G_1^+(A,a)$ gehören.

b) Gehören (B,b) und (C,c) nicht zu derselben Ecke von K, so wählen wir eine Linearform $p'x + q'y$ so, daß die zu (C,c) gehörende Ecke von K eindeutige Lösung der linearen Optimierungsaufgabe

$$\max \{p'x + q'y \,/\, A\,x + y = a \;,\; \begin{pmatrix} x \\ y \end{pmatrix} \geqq o\}$$

ist (dies ist stets möglich). Ausgehend von der zulässigen Basislösung (B,b) (bzw. (B,I,b) in der "langen Form") liefert das Simplexverfahren nun eine Folge von Matrizen, die ganz in $G_1^+(A,a)$ verläuft. Gehören zu der Lösungsecke mehrere Matrizen aus $G_1^+(A,a)$, so muß man noch Schritte nach Teil a) anschließen.

Wir betrachten im folgenden einen anderen wichtigen Untergraphen von G, wozu wir die zu transformierenden Matrizen als quadratisch voraussetzen müssen:

2.2 <u>Definition:</u> Ist A eine quadratische Matrix und entsteht die nicht-
     singuläre Teilmatrix A_{11} durch Streichen gleichlautender Zeilen
     und Spalten aus A (d.h. A_{11} ist eine Hauptuntermatrix und $|A_{11}|$
     ein Hauptminor), so heißt A_{11} eine H a u p t p i v o t m a t r i x
     und (5) bzw. (5') ein H a u p t a u s t a u s c h s c h r i t t .

Eine (2×2)-Hauptpivotmatrix hat also allgemein folgende Lage:

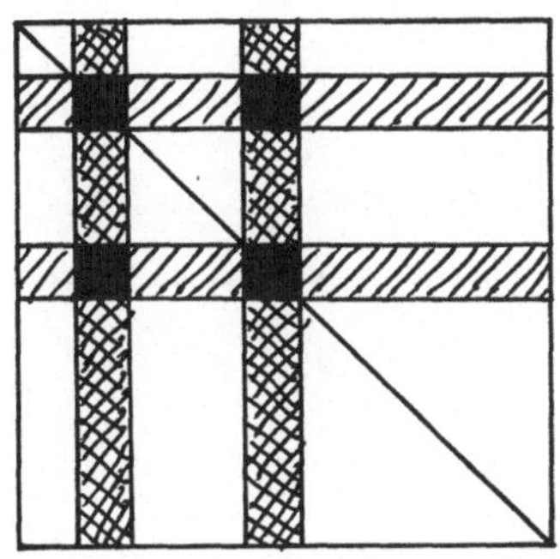

Abb. 2

Geht man von (A,a) aus und wendet nur Hauptaustauschschritte an, so bekommt man wieder einen - nach Konstruktion zusammenhängenden - Untergraphen $G^H(A)$ von $G(A)$. Ist A eine (n×n)-Matrix, so hat G^H höchstens
2^n Punkte:

(12) $$P(G^H(A)) \leqq 2^n .$$

Dies ist gerade die Anzahl der Teilmengen einer n-elementigen Menge. Da
es sich um Hauptaustauschschritte handelt, sind die auszutauschenden
Variablen durch eine solche Teilmenge bereits festgelegt. Demgegenüber
hat $G(A)$ nach (10) im Höchstfalle $\binom{2n}{n}$ Punkte. Den Größenvergleich zwischen $\binom{2n}{n}$ und 2^n ersieht man aus

$$\binom{2n}{n} = \sum_{i=o}^{n} \binom{n}{i}^2 > \sum_{i=o}^{n}\binom{n}{i} = 2^n .$$

Durch Hauptaustauschschritte werden in der Gleichung

(1) $$A\,x + y = a$$

offensichtlich nur Komponenten von x und y miteinander vertauscht, die
denselben Index tragen. Dies wird im nächsten Abschnitt bei der quadra-

tischen Optimierung wesentlich sein. Dort werden wir noch weitere Untergraphen $G_{bz}(A,a)$ von $G^H(A)$ und $G_z(A,a,s)$ von $G_{bz}(A,a)$ einführen, so daß wir dann das folgende Untergraphendiagramm haben:

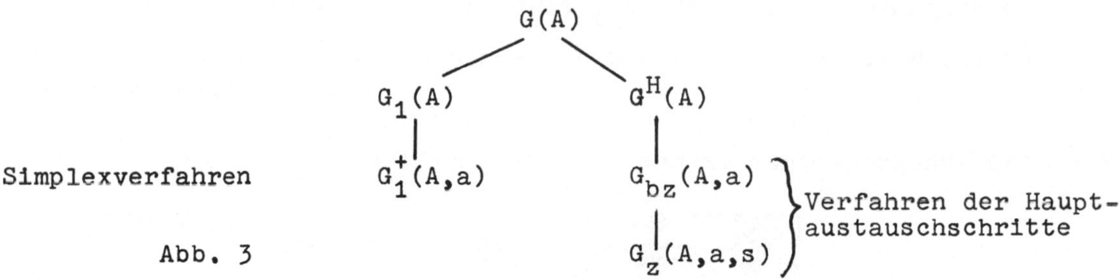

Im Rest dieses Abschnitts wollen wir nun noch das Verhalten spezieller Eigenschaften der quadratischen Matrix A unter Hauptaustauschschritten untersuchen.

2.3 <u>Satz:</u> Ist A schiefsymmetrisch und A_{11} eine Hauptpivotmatrix, so ist auch A^* schiefsymmetrisch.

<u>Beweis:</u> Als Hauptpivotmatrix ist A_{11} schiefsymmetrisch. Es folgt mit $(A_{11}^{-1})' = (A_{11}')^{-1}$, $A_{12}' = - A_{21}$ und $A_{21}' = - A_{12}$ nach (3)

$$A_{11}^{*}{}' = (A_{11}^{-1})' = (A_{11}')^{-1} = - A_{11}^{-1} = - A_{11}^{*}$$

$$A_{12}^{*}{}' = A_{12}'(A_{11}^{-1})' = A_{21}A_{11}^{-1} = - A_{21}^{*}$$

$$A_{21}^{*}{}' = - (A_{11}^{-1})'A_{21}' = - A_{11}^{-1}A_{12} = - A_{12}^{*}$$

$$A_{22}^{*}{}' = A_{22}' - A_{12}'(A_{11}^{-1})'A_{21}' = - A_{22} + A_{21}A_{11}^{-1}A_{12} = - A_{22}^{*} \ .$$

Besonders wichtig ist das Verhalten von Semidefinitheit unter Hauptaustauschschritten.

2.4 <u>Definition:</u> Eine quadratische, aber nicht notwendig symmetrische Matrix A heißt p o s i t i v (negativ) s e m i d e f i n i t , wenn $x'A x \geqq o$ $(x'A x \leqq o)$ für alle x gilt. A heißt s t r e n g p o s i t i v (negativ) d e f i n i t , wenn $x'A x > o$

(x'A x < o) für alle x ≠ o gilt.

Mit $C = \frac{1}{2}(A + A')$ und $D = \frac{1}{2}(A - A')$ gilt A = C + D . C heißt der
s y m m e t r i s c h e   A n t e i l und D der s c h i e f s y m m e -
t r i s c h e   A n t e i l von A. Wegen

$$x'A\,x = x'(C + D)\,x = x'C\,x$$

ist A genau dann positiv (bzw. negativ) semidefinit (bzw. streng definit), wenn dies für den symmetrischen Anteil C zutrifft. Daher (und
weil gewisse Ergebnisse wie z.B. 2.8 nur für diesen Fall gelten) be-
schränkt man sich im Zusammenhang mit quadratischen Formen üblicher-
weise auf symmetrische Matrizen. Für unsere Zwecke aber ist die allgemeinere Definition auch für nichtsymmetrische Matrizen wesentlich. Wir
zählen im folgenden einige bekannte Eigenschaften semidefiniter Matrizen auf.

2.5 Eine nichtsinguläre semidefinite Matrix ist streng definit. Eine
     streng definite Matrix ist nichtsingulär.

2.6 Jede quadratische Teilmatrix einer positiv (negativ) semidefiniten
     Matrix, die aus dieser durch Streichen gleichlautender Zeilen und
     Spalten entsteht, ist wieder positiv (negativ) semidefinit.

2.7 Ist ein Diagonalelement einer s y m m e t r i s c h e n semide-
     finiten Matrix A gleich Null, so sind alle Elemente der betreffen-
     den Zeile und Spalte gleich Null. Ist A nicht symmetrisch, so sind
     also die entsprechende Zeile und Spalte negativ transponiert zu-
     einander.

2.8 Eine s y m m e t r i s c h e Matrix A ist positiv semidefinit
     (streng positiv definit) genau dann, wenn sämtliche Hauptminoren
     nichtnegativ (positiv) sind. A ist negativ semidefinit (streng

negativ definit) genau dann, wenn die Hauptminoren gerader Reihenzahl $\geqq$ o (> o) und diejenigen ungerader Reihenzahl $\leqq$ o (< o) sind.
Insbesondere sind also die Diagonalelemente einer positiv semidefiniten (streng positiv definiten) Matrix nichtnegativ (positiv)
und diejenigen einer negativ semidefiniten (streng negativ definiten) Matrix nichtpositiv (negativ).

Das Kriterium 2.8, für welches die Voraussetzung der Symmetrie wesentlich ist, wird uns in Abschnitt 6 als Ausgangspunkt für eine Verallgemeinerung des Begriffs der Semidefinitheit dienen. Nun zeigen wir die
Invarianz der Semidefinitheit unter Hauptaustauschschritten:

2.9 <u>Satz:</u> Aus der nicht notwendig symmetrischen (n×n)-Matrix A entstehe durch einen Hauptaustauschschritt die Matrix A^*. Ist A positiv semidefinit (negativ semidefinit, streng definit), so ist auch
A^* positiv semidefinit (negativ semidefinit, streng definit).

<u>Beweis:</u> In (1) wählen wir a = o:

$$(13) \qquad A x + y = o \; .$$

Nach dem Hauptaustauschschritt entstehe (nach (3) wird $a^* = o$)

$$(14) \qquad A^* z + w = o \; .$$

Da es sich um einen Hauptaustauschschritt handelt, gilt für i=1,...,n

$$z_i = x_i \quad \text{und} \quad w_i = y_i$$

oder

$$z_i = y_i \quad \text{und} \quad w_i = x_i \; .$$

Daher wird mittels (13) und (14)

$$z'A^* z = - z'w = - x'y = x'A x \; .$$

Sei nun A beispielsweise positiv semidefinit und z beliebig vorgegeben.
Dann gibt es ein w, so daß (14) gilt, und daher gibt es auch x und y
mit (13). Damit hat man also $z'A^* z \geqq o$ für alle z. Ist A streng de-

finit, so zieht $z'A^*z = x'A\,x = o$ nach sich $x = o$. Nach (13) wird $y = o$, und daher ist auch $z = o$. Also ist auch A^* streng definit.

Dieser elegante Beweis von Satz 2.9 stammt von WOLFE. Die direkte Rechnung an der Matrix A^* unter Berücksichtigung der Transformationsformeln (3) ist sehr mühsam. (Siehe etwa [10] für den Fall einer (1×1)- und (2×2)-Hauptpivotmatrix.)

3. Ein Verfahren der Hauptaustauschschritte zur Lösung quadratischer und linearer Optimierungsaufgaben

Wir legen die Aufgabenstellung

$$(15) \qquad \min \{Q(x) = p'x + x'C\,x \;/\; B\,x \leqq b \;,\; x \geqq o\}$$

zugrunde, wo C eine positiv semidefinite $(r \times r)$-Matrix und B eine $(m \times r)$-Matrix ist, die Dimensionen der Vektoren seien dazu passend gewählt. Dann ist Q konvex, und die KUHN-TUCKER-Bedingungen lauten für die Aufgabe (15)

$$(16) \qquad \left\{ \begin{array}{l} B\,x + y = b \\[2mm] 2\,C\,x + B'u - v = -p \end{array} \right.$$

$$(17) \qquad x'v = o \;,\; y'u = o$$

$$(18) \qquad x \geqq o \;,\; v \geqq o \;,\; y \geqq o \;,\; u \geqq o \;.$$

Die lineare Optimierung ist in Form des Spezialfalles $C = 0$ sowohl in der Aufgabenstellung (15) als auch in den Optimalitätsbedingungen (16) bis (18) enthalten. Das in diesem Abschnitt darzustellende Verfahren funktioniert ohne besondere Vorkehrungen in jedem der drei Fälle: C streng positiv definit (d.h. Q streng konvex), C positiv semidefinit, $C = 0$. In Abschnitt 7 werden wir sehen, daß der Algorithmus auch noch auf andere Problemstellungen anwendbar ist. Ein weiterer wesentlicher Vorteil ist, daß man am Anfang keine zulässige Basislösung zu kennen braucht.

In den Bedingungen (16) bis (18) heißen die Variablen x_i und v_i (und ebenso y_j und u_j) **k o m p l e m e n t ä r** , da nach (17) und (18) jeweils nicht beide gleichzeitig $\neq$ o sein dürfen ($i=1,\ldots,r$, $j=1,\ldots,m$). Wir schreiben (16) um:

$$(19) \qquad \begin{pmatrix} O & B \\ -B' & -2\,C \end{pmatrix} \begin{pmatrix} u \\ x \end{pmatrix} + \begin{pmatrix} y \\ v \end{pmatrix} = \begin{pmatrix} b \\ p \end{pmatrix} \;,$$

oder zur Abkürzung für dieses Startsystem und alle transformierten
Systeme

$$(1') \qquad\qquad A\,z + w = a\;.$$

Dieses Gleichungssystem haben wir in Abschnitt 1 und 2 ausführlich be-
handelt. Hier sind die Komponenten des Vektors $w = \binom{y}{v}$ die Basisvariablen. Die Nichtbasisvariablen $z = \binom{u}{x}$ setzen wir wie üblich gleich
Null, so daß die rechte Seite a in (1') stets den Wert der Basisvariablen angibt. Wenden wir nun auf die Matrix A nur Hauptaustauschschritte
an, so werden stets nur gleichindizierte Komponenten von u und y und
von x und v miteinander vertauscht. Es gilt also

3.1 Satz: Durch Anwendung von Hauptaustauschschritten auf das System
(19) entstehen stets wieder Systeme, so daß von den Paaren komplementärer Variabler jeweils genau eine Variable in der Basis und
die andere nicht in der Basis ist.

Bei Hauptaustauschschritten bleiben also die Bedingungen (16) und (17)
stets erfüllt, und das Verfahren muß so lange fortgesetzt werden, bis
die rechte Seite $a \gtreqqless o$ geworden ist. Die entscheidende Frage ist nun,
wie das Verfahren zu steuern ist, um dies zu erreichen.

3.2 Satz: Ist die Optimierungsaufgabe (15) lösbar und gilt $a_i < o$
in (1'), so hat die i-te Zeile von A mindestens ein Element
$a_{ik} < o$.

Beweis: Aus der Lösbarkeit von (15) folgt, daß (1') eine Lösung mit
$z \gtreqqless o$, $w \gtreqqless o$ besitzen muß. Dies wäre aber nicht möglich, wenn $a_i < o$
und $a_{ik} \gtreqqless o$ für alle k gelten würde.

Wir schränken nun die Menge der anzuwendenden Hauptaustauschschritte
stark ein:

3.3 **Definition:** Die nach den folgenden Regeln gewählten (1×1)- und (2×2)-Hauptpivotmatrizen heißen b e d i n g t   z u l ä s s i g , ebenso die zugehörigen Austauschschritte.

1. Man wähle im System $(1')$ einen Index i mit $a_i < o$. Gibt es keinen solchen, so ist die optimale Lösung erreicht.

2. Gilt $a_{ii} \neq o$, so führe man mit a_{ii} als Pivotelement einen (1×1)-Austauschschritt durch.

3. Gilt $a_{ii} = o$, so wähle man einen Index k mit $a_{ik} < o$ und führe mit der Pivotmatrix

$$\begin{pmatrix} o & a_{ik} \\ a_{ki} & a_{kk} \end{pmatrix}$$

einen (2×2)-Austauschschritt durch[1] . Gibt es kein $a_{ik} < o$, so ist die Aufgabe nach 3.2 nicht lösbar.

3.4 **Satz:** Die bedingt zulässigen Hauptpivotmatrizen haben stets eine der beiden Formen

a.) $\qquad\qquad\qquad\qquad a_{ii} < o$

b.) $\qquad \begin{pmatrix} o & a_{ik} \\ - a_{ik} & a_{kk} \end{pmatrix} \qquad$ mit $a_{ik} < o$, $a_{kk} \leqq o$.

(Entsprechend für $k < i$). Insbesondere ist also die (2×2)-Pivotmatrix tatsächlich stets nichtsingulär.

Beweis: Die Startmatrix

$$A = \begin{pmatrix} O & B \\ - B' & - 2C \end{pmatrix}$$

---

[1] Im Falle $k < i$ lautet die Pivotmatrix

$$\begin{pmatrix} a_{kk} & a_{ki} \\ a_{ik} & o \end{pmatrix} ,$$

was natürlich keinen prinzipiellen Unterschied ausmacht.

ist offensichtlich nach Voraussetzung über C negativ semidefinit. Nach Satz 2.9 bleibt diese Eigenschaft unter Hauptaustauschschritten erhalten. Aus der negativen Semidefinitheit folgen die Behauptungen nach 2.7 und 2.8.

Auf Grund von Satz 2.3 können wir für den Spezialfall C = 0 formulieren:

3.5 <u>Satz</u>: Im linearen Fall sind alle transformierten Matrizen A schiefsymmetrisch, und die bedingt zulässigen Pivotmatrizen haben stets die Form

$$\begin{pmatrix} o & a_{ik} \\ -a_{ik} & o \end{pmatrix} \qquad \text{mit} \quad a_{ik} < o \ .$$

Es können in diesem Fall also nur (2×2)-Pivotmatrizen vorkommen.

3.6 <u>Satz</u>: Bei Anwendung bedingt zulässiger Austauschschritte (d.h. insbesondere $a_i < o$) entsteht

a.) $\qquad a_i^* > o \qquad$ bei (1×1)-Pivotschritt

b.) $\qquad a_i^* \gtreqqless o \ , \ a_k^* > o \ ,$ falls $a_k \gtreqqless o$ $\left.\begin{array}{c} \\ \\ \end{array}\right\}$ bei (2×2)-Schritt.

$\qquad\qquad\qquad a_k^* > o \ ,$ falls $a_k < o$

<u>Beweis</u>: a.) Ist $a_{ii} < o$ Pivotelement, so wird nach (3)

$$a_i^* = \frac{1}{a_{ii}} \, a_i > o \ .$$

b.) Im Falle eines (2×2)-Pivotschrittes erhalten wir

$$(20) \quad \begin{pmatrix} a_i^* \\ a_k^* \end{pmatrix} = \begin{pmatrix} 0 & a_{ik} \\ - a_{ik} & a_{kk} \end{pmatrix}^{-1} \begin{pmatrix} a_i \\ a_k \end{pmatrix}$$

$$= \begin{pmatrix} \dfrac{a_{kk}}{a_{ik}^2} & - \dfrac{1}{a_{ik}} \\[2ex] \dfrac{1}{a_{ik}} & 0 \end{pmatrix} \begin{pmatrix} a_i \\ a_k \end{pmatrix} = \begin{pmatrix} \dfrac{a_{kk} a_i}{a_{ik}^2} - \dfrac{a_k}{a_{ik}} \\[2ex] \dfrac{a_i}{a_{ik}} \end{pmatrix} .$$

Ist $a_k \gtreqless 0$, so wird wegen $a_{kk} \lesseqgtr 0$, $a_i < 0$ und $a_{ik} < 0$ auf Grund von (20) $a_i^* \gtreqless 0$ und $a_k^* > 0$. Im Falle $a_k < 0$ hat man jedenfalls $a_k^* > 0$, während man über a_i^* nichts aussagen kann.

Nach Satz 3.6 wird also jeweils ein negatives Element der Absolutglied-spalte a nichtnegativ. In zwei von drei Fällen ist dies das beim Aus-tauschschritt gewählte Element a_i .

In Abschnitt 2 hatten wir den Graphen $G(A)$ aller zu A kombinatorisch äquivalenten Matrizen eingeführt und die Teilgraphen $G_1(A)$, $G_1^+(A,a)$ und $G^H(A)$ betrachtet. Die Kanten dieser Graphen waren sämtlich in beiden Richtungen gerichtet, da zu einem Austauschschritt stets auch der in-verse möglich war. Für den durch die bedingt zulässigen Austauschschritte definierten Untergraphen $G_{bz}(A,a)$ von $G^H(A)$ (vgl. Abb. 3, S. 18) trifft dies nicht mehr zu. Nach dem unten folgenden Satz 3.7 ist jede Kante von $G_{bz}(A,a)$ in genau einer Richtung orientiert. Es kommt nun darauf an, daß sich das Verfahren in G_{bz} so fortbewegt, daß dabei keine Zyklen auftreten. Ist dies nicht der Fall, so muß das Verfahren abbrechen, da G_{bz} nur endlich viele Punkte hat. Nach Wahl der bedingt zulässigen Pivotmatrizen kann es nur mit einer optimalen Lösung für die Aufgabe (15) abbrechen, wenn diese lösbar ist. Andernfalls bricht das Verfahren damit ab, daß für $a_i < 0$, $a_{ii} = 0$ kein Index k existiert mit $a_{ik} < 0$.

3.7 <u>Satz:</u> Im bedingt zulässigen Graphen $G_{bz}(A,a)$ ist jede Kante in genau einer Richtung orientiert.

<u>Beweis:</u> Im Falle eines (1×1)-Austauschs hat man nach 3.6 $a_i^* > o$, so daß ein Rücktausch des Index i nicht infrage kommt. Bei einem (2×2)-Austausch und $a_k \geqq o$ gilt $a_i^* \geqq o$ und $a_k^* > o$, so daß in diesem Fall ein Rücktausch von (i,k) ebenfalls unmöglich ist. Ist dagegen $a_k < o$, so hat man sicher $a_k^* > o$. Gilt aber $a_i^* < o$, so würde ein Rücktausch von (i,k) zu $a_i^{**} = a_i > o$ führen im Widerspruch zu $a_i < o$.

<u>Beispiel:</u> Wir wollen die folgende semidefinite quadratische Optimierungsaufgabe mittels bedingt zulässiger Austauschschritte lösen:

$$\min \{p'x + x'C\,x \ / \ B\,x \leqq b \ , \ x \geqq o\} \qquad \text{mit}$$

$$2\,C = \begin{pmatrix} 1 & 2 & -1 \\ 2 & 4 & -2 \\ -1 & -2 & 1 \end{pmatrix} , \qquad p = \begin{pmatrix} -3 \\ -4 \\ -1 \end{pmatrix} ,$$

$$B = (1 \quad 2 \quad 1) , \qquad b = (4) .$$

Man erhält die unten aufgeführte Folge von Tableaus. Die Pivotmatrizen sind jeweils eingerahmt, und rechts steht die Menge der Indizes, die gegenüber der Anfangsstellung vertauscht sind. (Man beachte, daß nach unseren Bezeichnungen jeder Index sowohl in der Basis als auch nicht in der Basis vorkommt).

$$
\begin{array}{rrrr|r}
o & 1 & 2 & 1 & 4 \\
-1 & -1 & -2 & 1 & -3 \\
-2 & -2 & \boxed{-4} & 2 & -4 \\
-1 & 1 & 2 & -1 & -1
\end{array}
\qquad \emptyset
$$

$$
\begin{array}{rrrr|r}
\boxed{-1} & o & 1/2 & \boxed{2} & 2 \\
o & o & -1/2 & o & -1 \\
1/2 & 1/2 & -1/4 & -1/2 & 1 \\
\boxed{-2} & o & 1/2 & \boxed{o} & -3
\end{array}
\qquad \{3\}
$$

$$\begin{array}{cccc|c}
\text{o} & \text{o} & -\frac{1}{4} & -\frac{1}{2} & \frac{3}{2} \\
\text{o} & \boxed{\begin{array}{cc} \text{o} & -\frac{1}{2} \\ \frac{1}{2} & -\frac{1}{16} \end{array}} & & \text{o} & -1 \\
\frac{1}{4} & & & \frac{1}{8} & \frac{9}{8} \\
\frac{1}{2} & \text{o} & \frac{1}{8} & -\frac{1}{4} & \frac{7}{4}
\end{array} \qquad \{1,3,4\}$$

$$\begin{array}{cccc|cl}
\text{o} & -\frac{1}{2} & \text{o} & -\frac{1}{2} & 2 & \\
\frac{1}{2} & -\frac{1}{4} & 2 & \frac{1}{4} & \frac{5}{2} & x_1 \\
\text{o} & -2 & \text{o} & \text{o} & 2 & \\
\frac{1}{2} & \frac{1}{4} & \text{o} & -\frac{1}{4} & \frac{3}{2} & x_3
\end{array} \qquad \{1,2,4\}$$

Dieses Tableau ist optimal. Gegenüber der Grundstellung sind die Indizes 1,2,4 vertauscht. Mit den Bezeichnungen von (19) sind also u_1, x_1, v_2 und x_3 in der Basis, während $y_1 = v_1 = v_3 = x_2 = $ o gilt. Der Lösungsvektor lautet also

$$x^{o'} = (5/2,\ \text{o},\ 3/2)\ ,$$

und der Zielwert berechnet sich zu $-8\frac{1}{2}$.

Wir haben oben die bedingt zulässigen Austauschschritte in der folgenden konkreten Weise gewählt: Wir haben immer ein $a_i < $ o mit maximalem Betrag genommen und im Falle $a_{ii} = $ o dann ein $a_{ik} < $ o mit maximalem Betrag. Diesem Vorgehen entspricht im bedingt zulässigen Graphen G_{bz} für dieses Beispiel der durch $\longrightarrow$ gekennzeichnete Weg:

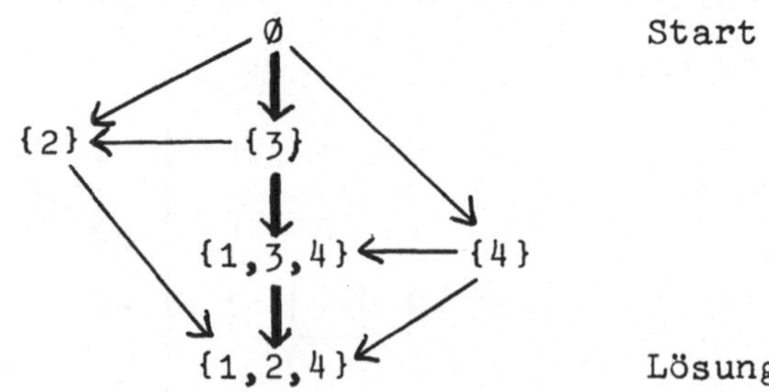

Abb. 3

Bei diesem einfachen Beispiel kommen also schon in G_{bz} keine Zyklen vor, und wir hätten bei der Lösung einen beliebigen Weg einschlagen

können. Das folgende Beispiel einer linearen Optimierungsaufgabe[1] besitzt dagegen zwei Zyklen der Länge 4. Sie sind durch $\Longrightarrow$ gekenn-
zeichnet.

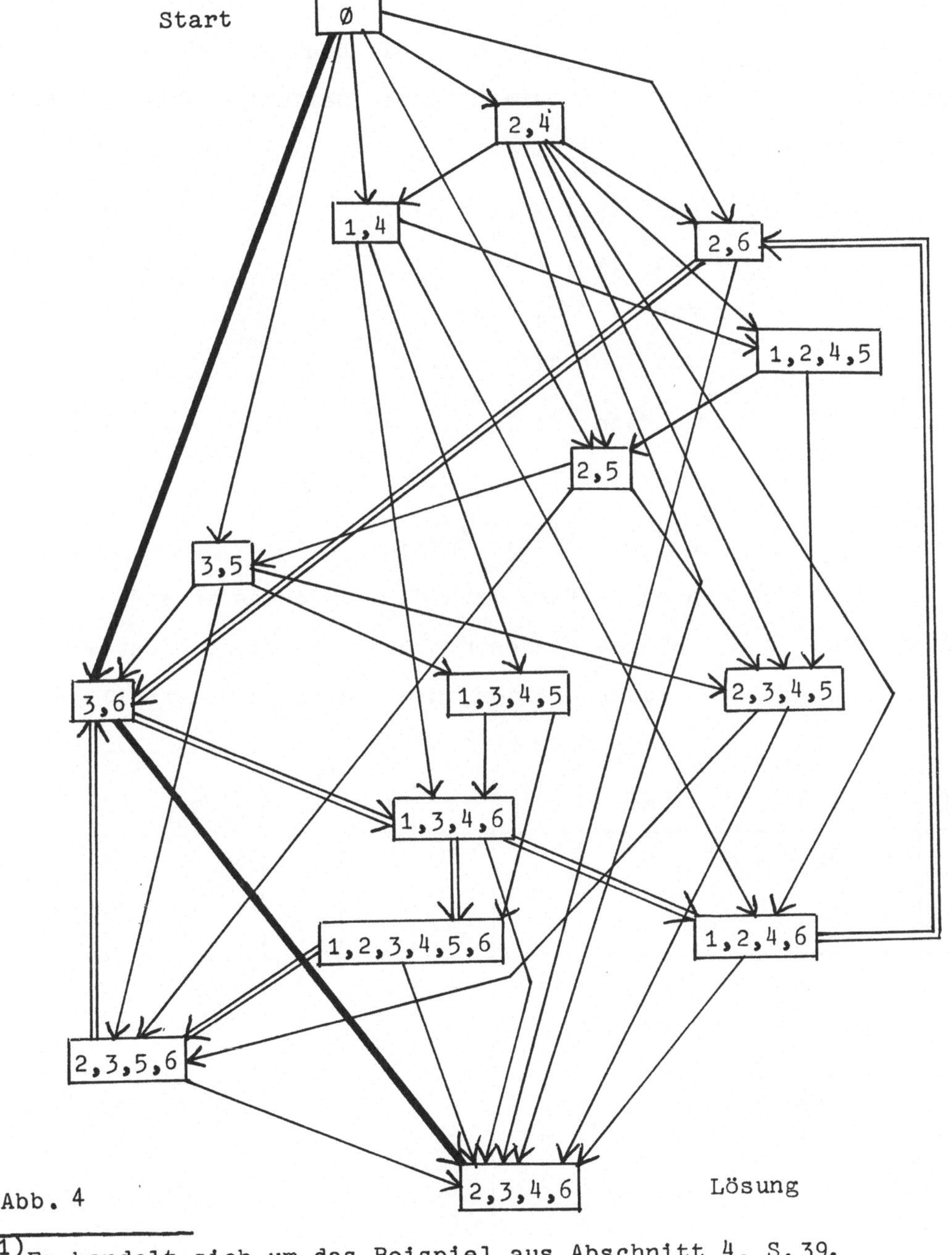

Abb. 4

______

[1] Es handelt sich um das Beispiel aus Abschnitt 4, S.39.

In diesem Beispiel führt von jedem Punkt eines Zyklus eine Kante aus
dem Zyklus heraus. Wählt man nun die bedingt zulässigen Austauschschritte auf eine beliebige aber gleichbleibende Weise (etwa wie in dem Beispiel S. 27/28), so ist es unwahrscheinlich, daß sich das Verfahren in
einem Zyklus verfängt. (Der strenge Konvergenzbeweis folgt im nächsten
Abschnitt). Der Verfasser hat 10, allerdings nicht sehr umfangreiche
Beispiele maschinell durchgerechnet, wobei die bedingt zulässigen Austauschschritte jeweils nach vier verschiedenen Gesichtspunkten gewählt
wurden: Man bestimme den Index i durch

$$1. \quad a_i = \max \{ |a_j| \ / \ a_j < o \}$$
$$2. \quad a_i = \min \{ |a_j| \ / \ a_j < o \}$$
$$3. \quad i = \min \{ j \ / \ a_j < o \}$$
$$4. \quad i = \max \{ j \ / \ a_j < o \} \ .$$

In allen vier Fällen wurde dann (falls $a_{ii} = o$) der Index k bestimmt
nach

$$a_{ik} = \max \{ |a_{ij}| \ / \ a_{ij} < o \} \ .$$

Bei keiner der 40 Rechnungen verfing sich das Verfahren in einem Zyklus.
Den verschiedenen in G_{bz} eingeschlagenen Wegen entspricht eine verschiedene Anzahl von Austauschschritten, die die folgende Tabelle wider-
gibt:

Beispiel	Art	m+r	1.	2.	3.	4.	G_{bz}
1	streng definit	5	5	7	4	6	Abb.5,S.31
2	"	6	7	7	5	9	
3	"	8	5	14	7	7	
4	semidefinit	4	2	2	2	2	
5	"	4	3	2	2	3	Abb.3,S.28
6	"	9	7	8	4	9	
7	linear	6	2	3	3	2	Abb.4,S.29
8	"	7	2	2	2	2	
9	"	8	5	3	5	3	
10	"	7	5	7	3	6	

Wir geben den Graphen G_{bz} noch für ein streng definites Beispiel[1] an. Es ist zyklenfrei.

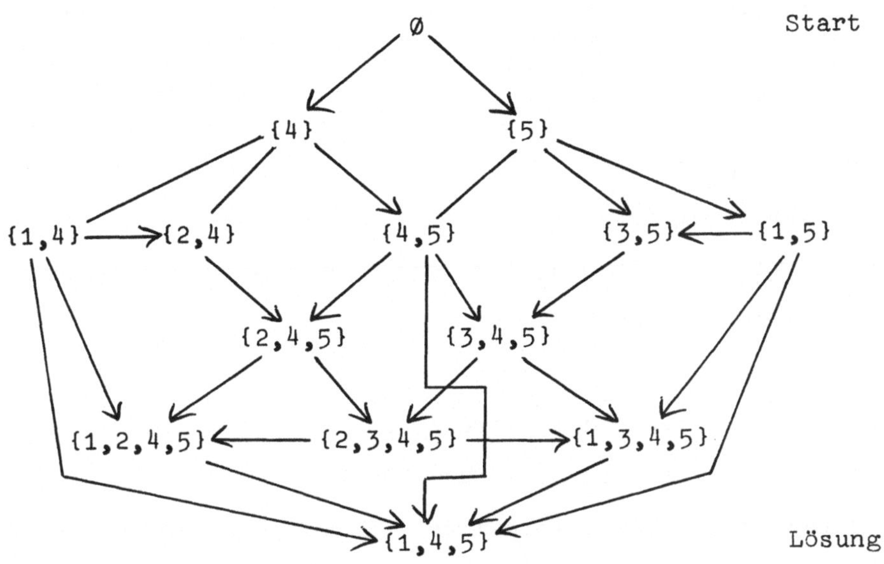

Abb. 5

Dieser Graph ist offensichtlich zur vertikalen Mittellinie symmetrisch. Gewisse Symmetrieeigenschaften besitzt auch G_{bz} auf Abb. 3, S. 28. Eine weitere Untersuchung der Struktur der bedingt zulässigen Graphen und anderer Untergraphen des Graphen der kombinatorisch äquivalenten Matrizen erscheint reizvoll. Durch den Konvergenzbeweis im nächsten Abschnitt werden s-zulässige Untergraphen $G_z(A,a,s)$ von $G_{bz}(A,a)$ definiert, die zyklenfrei sind. Interessant wäre dann beispielsweise auch die Frage nach einem Parametervektor s, so daß G_z in G_{bz} einen Weg minimaler Länge vom Start zur Lösung darstellt.

---

1)

$$2x_1^2 + x_2^2 - 48x_1 - 40x_2 = \text{min}!$$
$$x_1 + x_2 \leqq 8$$
$$x_1 \leqq 6$$
$$x_1 + 3x_2 \leqq 18$$
$$x_i \geqq 0 \qquad (i=1,2) \ .$$

4. Konvergenz des Verfahrens

Beim Konvergenzbeweis des in Abschnitt 3 beschriebenen Verfahrens der Hauptaustauschschritte, den wir im wesentlichen [10] entnehmen, wird eine streng monoton fallende Funktion auf den Punkten des bedingt zulässigen Graphen G_{bz} konstruiert, die interessanterweise mit der eigentlichen Optimierungsaufgabe überhaupt nichts zu tun hat. Es gibt beliebig viele solche Funktionen, und jenachdem bewegt man sich in G_{bz} auf verschiedenen Wegen zur Lösung.

Wir wählen zu dem bisherigen Tableau $\boxed{A,a}$ noch eine zusätzliche S t e u e r s p a l t e $s > o$, für welche außerdem noch die unten aufgeführte Bedingung (22) gelten möge. Bis auf die beiden genannten Einschränkungen kann man s beliebig wählen. Die Steuerspalte s soll während des Verfahrens genauso transformiert werden wie die Absolutspalte a:

$$(21) \qquad s_1^* = A_{11}^{-1} s_1$$

$$s_2^* = s_2 - A_{21} A_{11}^{-1} s_1 \; .$$

4.1 __Definition:__ Sei $s > o$ ein $(m+r)$-Vektor, für den die folgende Bedingung gilt:

(22) Die Maxima in (23) und (24) sind während des ganzen Verfahrens eindeutig bestimmt.

Dann heißen die nach den folgenden Regeln gewählten $(1×1)$- und $(2×2)$-Austauschschritte s - z u l ä s s i g :

1. Man bestimme den Index i durch

$$(23) \qquad \frac{s_i}{a_i} = \max\left\{ \frac{s_j}{a_j} \;/\; a_j < o \right\} \, .$$

Gibt es kein $a_j < o$, so ist die Lösung bereits erreicht.

2. Ist $a_{ii} \neq o$, so führe man den $(1×1)$-Austauschschritt mit dem

Pivotelement a_{ii} durch.

3. Ist $a_{ii} = o$, so bestimme man den Index k durch

$$(24) \quad \frac{1}{a_{ik}} (s_k - \frac{a_k s_i}{a_i}) = \max \left\{ \frac{1}{a_{ij}} (s_j - \frac{a_j s_i}{a_i}) \; / \; a_{ij} < o \right\}.$$

Gilt $a_{ij} \gtreqless o$ für alle j, so ist die Aufgabe nach 3.2 unlösbar.
Andernfalls führe man den (2×2)-Austauschschritt mit der Pivotmatrix

$$\begin{pmatrix} o & a_{ik} \\ - a_{ik} & a_{kk} \end{pmatrix}$$

durch.

Die Voraussetzung (22) entspricht dem Fall der Nichtentartung beim Simplex-Verfahren. Wir wollen daher den Steuervektor s   n i c h t e n t -
a r t e t   bzw.   e n t a r t e t   nennen, jenachdem ob (22) gilt oder
nicht. Auf die Frage, wie man Nichtentartung gewährleisten kann, kommen
wir noch zu sprechen. Die s-zulässigen Austauschschritte definieren einen Untergraphen $G_z(A,a,s)$ des bedingt zulässigen Graphen $G_{bz}(A,a)$. Es
gilt nun die Konvergenzaussage, daß $G_z(A,a,s)$ keine Zyklen besitzt. Und
da auch keine Verzweigungen auftreten können, ist $G_z(A,a,s)$ für jedes
nichtentartete s eine Kette[1] vom Start zur Lösung (bzw. zu einer Lösung).

Wir wollen zunächst die Transformationsformeln (3) bzw. (21) für die
Spalten a und s in geeigneter Weise bereitstellen:

a.) (1×1)-Austauschschritt. Es gilt $a_i < o$ und $a_{ii} < o$. Es wird

$$(25) \qquad a_i^* = \frac{1}{a_{ii}} a_i \; , \quad s_i^* = \frac{1}{a_{ii}} s_i$$

$$(26) \qquad a_j^* = a_j - \frac{1}{a_{ii}} a_{ji} a_i \; , \quad s_j^* = s_j - \frac{1}{a_{ii}} a_{ji} s_i \qquad (j \neq i) \; .$$

---

[1] Eine Kette ist ein Weg ohne Doppelpunkte, in dem alle Kanten im
gleichen Sinn orientiert sind.

b.) (2×2)-Austauschschritt. Es gilt $a_i < o$, $a_{ii} = o$, $a_{kk} \leqq o$ und nach 2.7 ferner $a_{ij} = - a_{ji}$ für alle $j \neq i$. Zunächst können wir (20) übernehmen:

$$(27) \qquad a_i^* = \frac{a_{kk}a_i}{a_{ik}^2} - \frac{a_k}{a_{ik}} \quad , \qquad s_i^* = \frac{a_{kk}s_i}{a_{ik}^2} - \frac{s_k}{a_{ik}}$$

$$(28) \qquad a_k^* = \frac{a_i}{a_{ik}} \qquad , \qquad s_k^* = \frac{s_i}{a_{ik}} \quad .$$

Für $j \neq i,k$ erhält man nach $a_2^* = a_2 - A_{21}A_{11}^{-1} a_1$

$$a_j^* = a_j - (a_{ji}, \ a_{jk}) \begin{pmatrix} o & a_{ik} \\ - a_{ik} & a_{kk} \end{pmatrix}^{-1} \begin{pmatrix} a_i \\ a_k \end{pmatrix}$$

$$= a_j - (a_{ji}, \ a_{jk}) \begin{pmatrix} \dfrac{a_{kk}}{a_{ik}^2} & - \dfrac{1}{a_{ik}} \\ \dfrac{1}{a_{ik}} & o \end{pmatrix} \begin{pmatrix} a_i \\ a_k \end{pmatrix}$$

$$= a_j - \left(\frac{a_{kk}a_{ji}}{a_{ik}^2} + \frac{a_{jk}}{a_{ik}} \ , \ - \frac{a_{ji}}{a_{ik}} \right) \begin{pmatrix} a_i \\ a_k \end{pmatrix}$$

$$= a_j - \left(\frac{a_{kk}a_{ji}}{a_{ik}^2} + \frac{a_{jk}}{a_{ik}} \right) a_i + \frac{a_{ji}}{a_{ik}} a_k \quad .$$

Also wird

$$(29) \qquad a_j^* = a_j + \left(\frac{a_{kk}a_{ij}}{a_{ik}^2} - \frac{a_{jk}}{a_{ik}} \right) a_i - \frac{a_{ij}}{a_{ik}} a_k \qquad (j \neq i,k)$$

und entsprechend

$$(30) \qquad s_j^* = s_j + \left(\frac{a_{kk}a_{ij}}{a_{ik}^2} - \frac{a_{jk}}{a_{ik}} \right) s_i - \frac{a_{ij}}{a_{ik}} s_k \qquad (j \neq i,k) \quad .$$

Nun beweisen wir

4.2 <u>Satz:</u> Für s-zulässige Austauschschritte ist $G_z(A,a,s)$ zyklenfrei.

<u>Beweis:</u> Wir zeigen, daß bei einer Folge von s-zulässigen Austauschschritten die durch (23) in 4.1 definierte Funktion

(23)
$$\frac{s_i}{a_i} = \max\left\{\frac{s_j}{a_j} \,/\, a_j < o\right\}$$

streng monoton abnimmt. Das Starttableau $\boxed{A,a,s}$ hat die Eigenschaft

(31)
$$s_j > a_j \frac{s_i}{a_i} \qquad (j \neq i) \; ,$$

denn im Falle $a_j < o$ gilt (31) nach Wahl von i gemäß (23), und für $a_j \geqq o$ gilt (31) wegen $a_i < o$ und $s_i, s_j > o$. Beim Beweis der Monotonie von (23) benutzen wir ganz wesentlich die Eigenschaft (31), von welcher wir gleichzeitig zeigen, daß sie unter s-zulässigen Austausch-schritten stets erhalten bleibt. Wir verwenden im folgenden die Transformationsformeln (25) bis (30), ohne im einzelnen darauf hinzuweisen.

a.) Wir führen einen s-zulässigen (1×1)-Schritt mit dem Pivotelement $a_{11} < o$ durch. Es folgt für $j \neq i$

(32)
$$s_j^* = s_j - \frac{1}{a_{11}} a_{j1} s_1 > a_j \frac{s_i}{a_i} - \frac{1}{a_{11}} a_{j1} s_1$$
$$= \frac{s_i}{a_i}\left(a_j - \frac{1}{a_{11}} a_{j1} a_1\right) = \frac{s_i}{a_i} a_j^* \qquad (j \neq i).$$

Für $a_j^* < o$ hat man also
$$\frac{s_j^*}{a_j^*} < \frac{s_i}{a_i} \qquad (j \neq i) \; ,$$

und wegen $a_i^* > o$ gilt dann auch

(33)
$$\frac{s_r^*}{a_r^*} = \max\left\{\frac{s_j^*}{a_j^*} \,/\, a_j^* < o\right\} < \frac{s_i}{a_i} \; ,$$

d.h. die Funktion (23) nimmt bei dem (1×1)-Schritt echt ab. Nun müssen wir
$$s_j^* > a_j^* \frac{s_r^*}{a_r^*} \qquad (j \neq r)$$

zeigen. Für $a_j^* < o$ gilt dies nach Wahl von r gemäß (33). Sei $a_j^* \geqq o$.

1. Fall: $j \neq i$. Nach (32) und (33) bekommt man
$$s_j^* > \frac{s_i}{a_i} a_j^* \geqq \frac{s_r^*}{a_r^*} a_j^* \; .$$

2. Fall: $j = i$. Hier ist $a_i^* > o$, und es wird nach (33)

$$s_1^* = \frac{1}{a_{11}} s_1 = \frac{s_1 a_1^*}{a_{11} a_1^*} = \frac{s_1 \, a_1^*}{a_1} > a_1^* \, \frac{s_r^*}{a_r^*} \; .$$

Die Beziehung (31) ist also erhalten geblieben.

b.) Wir betrachten jetzt einen s-zulässigen (2×2)-Schritt mit der Pivot-matrix

$$\begin{pmatrix} o & a_{1k} \\ - a_{1k} & a_{kk} \end{pmatrix} \; .$$

Es wird

$$(34) \qquad s_1^* = \frac{a_{kk} \, s_1}{a_{1k}^2} - \frac{s_k}{a_{1k}} > \frac{a_{kk} \, s_1}{a_{1k}^2} - \frac{a_k \, s_1}{a_{1k} \, a_1}$$

$$= \frac{s_1}{a_1} \left(\frac{a_{kk} \, a_1}{a_{1k}^2} - \frac{a_k}{a_{1k}} \right) = \frac{s_1}{a_1} \, a_1^* \quad .$$

Die Abschätzung ergab sich nach (31) mit k anstelle von j wegen $a_{1k} < o$. Für $j \neq 1,k$ gilt

$$s_j^* = s_j + \left(\frac{a_{kk} \, a_{1j}}{a_{1k}^2} - \frac{a_{jk}}{a_{1k}} \right) s_1 - \frac{a_{1j}}{a_{1k}} \, s_k \; .$$

1. Fall: $a_{1j} \overset{>}{=} o$. Dann können wir an zwei Stellen mittels (31) ab-schätzen:

$$s_j^* > a_j \, \frac{s_1}{a_1} + \left(\frac{a_{kk} \, a_{1j}}{a_{1k}^2} - \frac{a_{jk}}{a_{1k}} \right) s_1 - a_k \, \frac{s_1 \, a_{1j}}{a_1 \, a_{1k}}$$

$$= \frac{s_1}{a_1} \left[a_j + \left(\frac{a_{kk} \, a_{1j}}{a_{1k}^2} - \frac{a_{jk}}{a_{1k}} \right) a_1 - a_k \, \frac{a_{1j}}{a_{1k}} \right] = \frac{s_1}{a_1} \, a_j^* \; .$$

2. Fall: $a_{1j} < o$. Nach Wahl des Index k auf Grund von (24) folgt dann

$$\frac{s_k}{a_{1k}} - \frac{a_k \, s_1}{a_{1k} \, a_1} > \frac{s_j}{a_{1j}} - \frac{a_j \, s_1}{a_{1j} \, a_1}$$

und

$$\frac{a_{1j}}{a_{1k}} \, s_k < s_j + \frac{a_{1j} \, a_k \, s_1}{a_{1k} \, a_1} - \frac{a_j \, s_1}{a_1} \quad .$$

Damit können wir in diesem Fall abschätzen

$$s_j^* > s_j + \left(\frac{a_{kk}\, a_{ij}}{a_{ik}^2} - \frac{a_{jk}}{a_{ik}}\right) s_i - s_j - \frac{a_{ij}\, a_k\, s_i}{a_{ik}\, a_i} + \frac{a_j\, s_i}{s_i}$$

$$= \frac{s_i}{a_i}\left[\left(\frac{a_{kk}\, a_{ij}}{a_{ik}^2} - \frac{a_{jk}}{a_{ik}}\right) a_i - \frac{a_{ij}\, a_k}{a_{ik}} + a_j\right] = \frac{s_i}{a_i}\, a_j^* \; .$$

Die Fälle 1 und 2, die für $j \neq i,k$ gelten und (34), das für $j = i$ gilt, ergeben zusammengefaßt

$$(35) \qquad\qquad s_j^* > \frac{s_i}{a_i}\, a_j^* \qquad (j \neq k)$$

Für $a_j^* < o$ wird

$$\frac{s_j^*}{a_j^*} < \frac{s_i}{a_i} \qquad (j \neq k) \; ,$$

und weil nach Satz 3.6 auf jeden Fall $a_k^* > o$ ist, gilt auch

$$(36) \qquad \frac{s_r^*}{a_r^*} = \max\left\{ \frac{s_j^*}{a_j^*} \;/\; a_j^* < o \right\} < \frac{s_i}{a_i} \; .$$

Die Funktion (23) nimmt also auch bei einem (2×2)-Schritt echt ab. Nun müssen wir noch

$$s_j^* > a_j^* \frac{s_r^*}{a_r^*} \qquad (j \neq r)$$

zeigen. Für $a_j^* < o$ ist dies nach Wahl von r gemäß (36) richtig. Sei $a_j^* \geqq o$.

1. Fall: $j \neq k$. Mit (35) und (36) folgt sofort

$$s_j^* > \frac{s_i}{a_i}\, a_j^* \geqq \frac{s_r^*}{a_r^*}\, a_j^* \; .$$

2. Fall: $j = k$. Dann ist $a_k^* > o$, und es wird nach (36)

$$s_k^* = \frac{s_i}{a_{ik}} = \frac{s_i\, a_k^*}{a_{ik}\, a_k^*} = \frac{s_i\, a_k^*}{a_i} > \frac{s_r^*}{a_r^*}\, a_k^* \; .$$

Die Eigenschaft (31) bleibt also auch bei einem s-zulässigen (2×2)-Schritt erhalten. Damit ist der Beweis von Satz 4.2 beendet.

Ist der Steuervektor s entartet, so kann in der Beziehung (31) ein Gleichheitszeichen stehen, und der Wert der Funktion (23) kann (analog

wie der Wert der Zielfunktion beim Simplexverfahren) unverändert bleiben. Daher besteht dann die theoretische Möglichkeit, daß das Verfahren
in einem Zyklus von G_{bz} ewig kreist. Eine Möglichkeit, die Nichtentar-
tungsbedingung (22) zu erfüllen, ist die Wahl

$$s_i = \varepsilon^i \qquad (i=1,\ldots,n)$$

für genügend kleines $\varepsilon > o$. Eine zweite Möglichkeit besteht in der
Verwendung der lexikographischen Ordnung[1] (ganz analog wie man beim
lexikographischen Simplexverfahren die Konvergenz sicherstellt). Man
ersetzt dazu den Steuervektor $s > o$ durch eine quadratische nichtsinguläre Matrix S, deren Zeilen lexikographisch positiv sind. (Man
kann z.B. die Einheitsmatrix wählen). Der Beweis von 4.2 läuft unverändert durch, wenn man s_i nicht als i-te Komponente der Spalte s, sondern als i-te Zeile der Matrix S auffaßt und die Ordnung zwischen den
s_i als lexikographische Ordnung liest. Weil die Zeilen von S linear un-
abhängig sind, sind die lexikographischen Maxima in (23) und (24) stets
eindeutig bestimmt, und es folgt dann also, daß die Vektorfunktion

$$\text{lex-max}\left\{\frac{s_j}{a_j} \ / \ a_j < o\right\}$$

im lexikographischen Sinn streng monoton abnimmt. Für praktische Rechnungen ist der Aufwand der Transformation einer zusätzlichen $(m+r)$-rei-
higen quadratischen Matrix allerdings zu groß und auch gar nicht erfor-
derlich. Man wird in der Regel mit einem Steuervektor oder überhaupt
nur mittels bedingt zulässiger Austauschschritte, wie in Abschnitt 3
dargestellt, zum Ziel kommen.

<u>Beispiel</u>: Wir wollen die lineare Optimierungsaufgabe

---

[1] a heißt l e x i k o g r a p h i s c h k l e i n e r als b, wenn
die erste von Null verschiedene Komponente von b-a größer als Null
ist.

$$-x_1 - 2x_2 - 4x_3 = \min!$$

$$x_1 \leq 2$$

$$x_1 + x_2 + 2x_3 \leq 4$$

$$3x_2 + 4x_3 \leq 6$$

$$x_i \geq 0 \qquad (i=1,2,3)$$

lösen und wählen als Steuervektor den Vektor aus lauter Einsen. Dann lautet das Anfangstableau:

$$
\begin{array}{ccc|ccc|c|c}
 & & & 1 & 0 & 0 & 2 & 1 \\
 & \bigcirc & & 1 & 1 & 2 & 4 & 1 \\
 & & \boxed{0} & 0 & 3 & \boxed{4} & 6 & 1 \\
\hline
-1 & -1 & 0 & & & & -1 & 1 \\
0 & -1 & -3 & & \bigcirc & & -2 & 1 \\
0 & -2 & \boxed{-4} & & & \boxed{0} & -4 & 1
\end{array}
\qquad \emptyset
$$

Die sich nach Definition 4.1 ergebenden s-zulässigen Pivotmatrizen sind wieder eingerahmt.

$$
\begin{array}{cccccc|c|c}
0 & 0 & 0 & 1 & 0 & 0 & 2 & 1 \\
0 & \boxed{0} & -\tfrac{1}{2} & \boxed{1} & -\tfrac{1}{2} & 0 & 1 & \tfrac{1}{2} \\
0 & \tfrac{1}{2} & 0 & 0 & 0 & -\tfrac{1}{4} & 1 & -\tfrac{1}{4} \\
-1 & \boxed{-1} & 0 & \boxed{0} & 0 & 0 & -1 & 1 \\
0 & \tfrac{1}{2} & 0 & 0 & 0 & -\tfrac{3}{4} & 1 & \tfrac{1}{4} \\
0 & 0 & \tfrac{1}{4} & 0 & \tfrac{3}{4} & 0 & \tfrac{3}{2} & \tfrac{1}{4}
\end{array}
\qquad \{3,6\}
$$

$$
\begin{array}{cccccc|c|c}
0 & -1 & \tfrac{1}{2} & 0 & \tfrac{1}{2} & 0 & 1 & \tfrac{1}{2} & \\
1 & 0 & 0 & -1 & 0 & 0 & 1 & -1 & \\
-\tfrac{1}{2} & 0 & 0 & \tfrac{1}{2} & 0 & -\tfrac{1}{4} & \tfrac{1}{2} & \tfrac{1}{4} & \\
0 & 1 & -\tfrac{1}{2} & 0 & -\tfrac{1}{2} & 0 & 1 & \tfrac{1}{2} & x_1 \\
-\tfrac{1}{2} & 0 & 0 & \tfrac{1}{2} & 0 & -\tfrac{3}{4} & \tfrac{1}{2} & \tfrac{3}{4} & \\
0 & 0 & \tfrac{1}{4} & 0 & \tfrac{3}{4} & 0 & \tfrac{3}{2} & \tfrac{1}{4} & x_3
\end{array}
\qquad \{2,3,4,6\}
$$

Dieses Tableau ist optimal. Die Lösung lautet

$$x^{0\prime} = (1,\ 0,\ \tfrac{3}{2})\ ,$$

und der Zielwert ergibt sich zu -7. Der zu diesem Beispiel gehörende
bedingt zulässige Graph $G_{bz}(A,a)$ ist in Abb. 4, S. 29 dargestellt. Der
hier eingeschlagene Weg $G_z(A,a,s)$ ist dort durch $\longrightarrow$ kenntlich ge-
macht.

5. Die Entartungsproblematik des Verfahrens

Sei im folgenden wieder die dem Algorithmus zugrunde liegende Aufgabe
lösbar. Wir hatten im letzten Abschnitt die Menge

$$\Sigma = \{s \in \mathbb{R}^n \ / \ s > o \ , \ s \text{ nicht entartet}\}$$

von Steuervektoren betrachtet und als Konvergenzaussage gezeigt, daß
$G_z(A,a,s)$ für alle $s \in \Sigma$ in $G_{bz}(A,a)$ eine Kette vom Start zu einer
Lösung darstellt. In diesem Abschnitt wollen wir die entarteten s nicht
ausschließen und allgemeiner die Menge

$$S = \{s \in \mathbb{R}^n \ / \ s \geq o\}$$

betrachten. Aus Abschnitt 4 übernehmen wir die Auswahlregeln für die
Indizes:

(23') Man bestimme alle Indizes i mit

$$\frac{s_i}{a_i} = \max\{ \frac{s_j}{a_j} \ / \ a_j < o\}.$$

(24') Im Falle $a_{ii} = o$ bestimme man alle Indizes k mit

$$\frac{1}{a_{ik}} (s_k - \frac{a_k}{a_i} s_i) = \max \{\frac{1}{a_{ij}} (s_j - \frac{a_j}{a_i} s_i) \ / \ a_{ij} < o\} \ .$$

$G_z(A,a,s)$ bedeute nun wieder denjenigen Untergraphen des bedingt zulässigen Graphen $G_{bz}(A,a)$, der entsteht, wenn man für das vorgegebene
$s \in S$ vom Start aus alle auf Grund der Auswahlregeln (23') und (24') er-
laubten (1×1)- und (2×2)-Hauptaustauschschritte durchführt. Für entar-
tete s, d.h. für welche die Wahl der Indizes i bzw. k bei mindestens
einem Schritt des Verfahrens mehrdeutig ist, bedeutet $G_z(A,a,s)$ dann
in $G_{bz}(A,a)$ also keine Kette mehr, sondern einen Untergraphen mit Verzweigungen und Einmündungen, eventuell auch Zyklen. Der Fall $s = o$
liefert die größtmögliche Entartung: Hier sind nach (21) auch alle
Transformierten von s gleich Null, und nach (23') und (24') ist offensichtlich die Wahl eines beliebigen gerichteten Weges in G_{bz} möglich,

d.h. es gilt

$$G_z(A,a,o) = G_{bz}(A,a) \ .$$

5.1 <u>Satz:</u> Sei $\tilde{s}\epsilon S$ nicht entartet und $K := G_z(A,a,\tilde{s})$ die zugehörige Kette in $G_{bz}(A,a)$ vom Start zu einer Lösung. Dann ist die
Menge

$$S_K := \{s\epsilon S \ / \ G_z(A,a,s) = K\}$$

ein konvexer Kegel in S, d.h. es gilt

$$(37) \qquad\qquad s \in S_K \implies \lambda\, s \in S_K \quad \text{für} \quad \lambda > o$$

$$(38) \qquad\qquad s^1, s^2 \in S_K \implies s^1 + s^2 \in S_K \ .$$

<u>Beweis:</u> Die Abbildung $s \rightarrow s^*$ gemäß (21) ist linear:

$$(21') \qquad s^* = \begin{pmatrix} s_1^* \\ s_2^* \end{pmatrix} = \begin{pmatrix} A_{11}^{-1} & 0 \\ -A_{21}A_{11}^{-1} & I \end{pmatrix} \begin{pmatrix} s_1 \\ s_2 \end{pmatrix} =: \tilde{A}\, s \ .$$

Daher ist sie natürlich mit der Bildung von skalaren Vielfachen und
Summen verträglich:

$$(39) \qquad\qquad (\lambda\, s)^* = \lambda\, s^*$$

$$(40) \qquad\qquad (s^1 + s^2)^* = (s^1)^* + (s^2)^* \ .$$

Sei $s \in S_K$. Für den Steuervektor $\lambda\, s$ mit $\lambda > o$ erhält man nun nach
(23') und (24')

$$(41) \qquad \max \{\frac{\lambda s_j}{a_j} \ / \ a_j < o\} = \lambda \max \{\frac{s_j}{a_j} \ / \ a_j < o\}$$

$$(42) \qquad \max \{\frac{1}{a_{ij}} (\lambda\, s_j - \frac{a_j}{s_i} \lambda\, s_i) \ / \ a_{ij} < o\}$$

$$= \lambda \max \{\frac{1}{a_{ij}} (s_j - \frac{a_j}{a_i} s_i) \ / \ a_{ij} < o\} \ .$$

Für den Steuervektor s^1+s^2 mit $s^1,s^2 \in S_K$ erhält man wegen
$G_z(A,a,s^1) = G_z(A,a,s^2) = K$

$$(43) \quad \max\left\{\frac{[s^1+s^2]_j}{a_j} \, / \, a_j < o\right\} = \max\left\{\frac{s_j^1}{a_j} \, / \, a_j < o\right\} + \max\left\{\frac{s_j^2}{a_j} \, / \, a_j < o\right\}$$

$$(44) \quad \max\{\frac{1}{a_{ij}} \, ([s^1+s^2]_j - \frac{a_j}{a_i} \, [s^1+s^2]_i) \, / \, a_{ij} < o\}$$

$$= \max\{\frac{1}{a_{ij}} \, ((s_j^1 - \frac{a_j}{a_i} \, s_i^1) + (s_j^2 - \frac{a_j}{a_i} \, s_i^2)) \, / \, a_{ij} < o\}$$

$$= \max\{\frac{1}{a_{ij}} \, (s_j^1 - \frac{a_j}{a_i} \, s_i^1) \, / \, a_{ij} < o\} + \max\{\frac{1}{a_{ij}}(s_j^2 - \frac{a_j}{a_i} \, s_i^2)/a_{ij} < o\}.$$

Bei Verwendung des Steuervektors λs werden nach (41) und (42) also dieselben Indizes i und k gewählt wie bei Verwendung von s, und bei $s^1 + s^2$ werden nach (43) und (44) dieselben Indizes gewählt wie bei den einzelnen Steuervektoren s^1 und s^2. Wegen der Verträglichkeitsbedingungen (39) bzw. (40) gilt dies bei jedem Schritt des Verfahrens. Damit hat man also

$$G_z(A,a,\lambda s) = K = G_z(A,a,s^1+s^2) \, ,$$

und da auch $\lambda s \geq o$, und $s^1 + s^2 \geq o$ gilt, sind (37) und (38) gezeigt. Natürlich ist die Menge S_K dann konvex: Für $o < \lambda < 1$ gilt $1 - \lambda > o$ und daher

$$\lambda s^1 + (1-\lambda) \, s^2 \epsilon S_K \, ,$$

wenn $s^1, s^2 \epsilon S_K$ sind.

5.2 <u>Satz:</u> Für beliebiges $\tilde{s} \epsilon S$ sind die Mengen

$$S_{G_z(A,a,\tilde{s})} : = \{s \epsilon S \, / \, G_z(A,a,s) = G_z(A,a,\tilde{s})\}$$

$$\text{und} \quad \overline{S_{G_z(A,a,\tilde{s})}} : = \{s \epsilon S \, / \, G_z(A,a,s) \geqq G_z(A,a,\tilde{s})\}$$

konvexe Kegel in S.

<u>Beweis:</u> Für nichtentartete $\tilde{s}$ ist die Aussage für die erste Menge in 5.1 gezeigt worden. Aber die Beziehungen (41) bis (44) gelten nun auch für die obigen (entarteten) Fälle. Unabhängig von Mehrdeutigkeiten bei

der Indexwahl gelten (41) und (42) stets für $\lambda > o$, und (43) und (44) gelten immer dann, wenn $I_1 \cap I_2 \neq \emptyset$ (bzw. $K_1 \cap K_2 \neq \emptyset$), wobei I_1 (bzw. K_1) die Indexmenge sein soll, für die das Maximum bezüglich s^1 und I_2 (bzw. K_2) die Indexmenge sein soll, für die das Maximum bezüglich s^2 angenommen wird. Das Maximum bezüglich der Summe $s^1 + s^2$ wird dann für alle $i \in I_1 \cap I_2$ (bzw. $k \in K_1 \cap K_2$) angenommen.

Es gilt nun, was durch die Bezeichnung schon vorweggenommen wurde:

5.3 <u>Satz:</u> $\overline{S_{G_z(A,a,\tilde{s})}}$ ist für alle $\tilde{s} \in S$ die abgeschlossene Hülle von $S_{G_z(A,a,\tilde{s})}$ bezüglich des $\mathbb{R}^n$.

<u>Beweis:</u> 1. Wir zeigen zuerst, daß $\overline{S_{G_z(A,a,\tilde{s})}}$ eine abgeschlossene Teilmenge des $\mathbb{R}^n$ ist. Sei

$$\hat{s} > o \quad \text{und} \quad \hat{s} \notin \overline{S_{G_z(A,a,\tilde{s})}} \, ,$$

d.h. es gilt

$$G_z(A,a,\hat{s}) \not\supseteq G_z(A,a,\tilde{s}) \, .$$

Weiterhin hat man

$$G_z(A,a,\hat{s}) \cap G_z(A,a,\tilde{s}) \neq \emptyset \, ,$$

weil zumindest der Startpunkt beiden Graphen angehört. Daher gibt es in $G_z(A,a,\tilde{s})$ eine Abzweigung, bezüglich welcher $\tilde{s}$, nicht dagegen $\hat{s}$, entartet ist (d.h. einen Weg, der aus $G_z(A,a,\hat{s})$ herausführt aber in $G_z(A,a,\tilde{s})$ bleibt). Die Nichtentartung von $\hat{s}$ bezüglich dieser Abzweigung bleibt aus Stetigkeitsgründen offenbar auch nach einer infinitesimalen Änderung von $\hat{s}$ in einer beliebigen Richtung $t \in \mathbb{R}^n$ erhalten. Denn betrachtet man beispielsweise (23'), so kann man zu jedem $t \in \mathbb{R}^n$ sicherlich $\varepsilon > o$ derart finden, daß aus

$$\frac{s_j}{a_j} < \frac{s_i}{a_i} \quad \text{für alle} \quad a_j < o \quad \text{mit} \quad j \notin I$$

folgt

$$\frac{[s + \epsilon t]_j}{a_j} < \frac{[s + \epsilon t]_i}{a_i} \qquad (a_j < o \ , \ j \notin I) \ ,$$

sofern der betrachtete Verzweigungspunkt dann überhaupt noch erreicht wird. In jedem Fall hat man für alle $t \in \mathbb{R}^n$ und alle genügend kleinen $\epsilon > o$

$$(45) \qquad G_z(A,a,\hat{s}+\epsilon t) \not\gtreqqless G_z(A,a,\tilde{s}) \qquad\qquad \text{und}$$

$$(46) \qquad \hat{s} + \epsilon \, t \gneqq o \ ,$$

falls $\hat{s} > o$ ist. Gilt dagegen $\hat{s}_i = o$ für $i \in I$, so liegt $\hat{s}$ auf dem Rand von S, und es genügt, weil S abgeschlossen ist, $t \in \mathbb{R}^n$ mit der Eigenschaft $t_i \gneqq o$ für $i \in I$ zu betrachten. Also gelten (45) und (46) auch in diesem Fall. Daher hat man

$$\hat{s} + \epsilon \, t \notin \overline{S_{G_z(A,a,\tilde{s})}} \ ,$$

und $\overline{S_{G_z(A,a,\tilde{s})}}$ ist abgeschlossen in $\mathbb{R}^n$.

2. Nun zeigen wir, daß $\overline{S_{G_z(A,a,\tilde{s})}} \setminus S_{G_z(A,a,\tilde{s})}$ zum Rand von $\overline{S_{G_z(A,a,\tilde{s})}}$ gehört. Es gilt natürlich

$$S_{G_z(A,a,\tilde{s})} \subseteqq \overline{S_{G_z(A,a,\tilde{s})}} \ .$$

Im Falle von $S_{G_z(A,a,\tilde{s})} = \overline{S_{G_z(A,a,\tilde{s})}}$ ist die Behauptung des Satzes nach Teil 1 trivialerweise richtig. Dieser Fall tritt genau für alle $\tilde{s}$ mit $G_z(A,a,\tilde{s}) = G_{bz}(A,a)$ ein. Es sei also nun

$$S_{G_z(A,a,\tilde{s})} \subset \overline{S_{G_z(A,a,\tilde{s})}} \ .$$

Für

$$\hat{s} \in \overline{S_{G_z(A,a,\tilde{s})}} \setminus S_{G_z(A,a,\tilde{s})} \neq \emptyset$$

gilt offensichtlich

$$G_z(A,a,\hat{s}) \supset G_z(A,a,\tilde{s}) \ .$$

Wir betrachten nun für $\lambda > o$ den Graphen

$$G_z(A,a,\hat{s} + \lambda \, \tilde{s}) \ .$$

Auf Grund von (39) bis (44) sieht man genauso wie beim Beweis von 5.2, daß dieser Graph für alle $\lambda > o$ genau die Abzweigungen (Entartungen) von $G_z(A,a,\tilde{s})$ enthält, während die Abzweigungen (Entartungen), die $G_z(A,a,\hat{s})$, nicht aber $G_z(A,a,\tilde{s})$ besitzt, ausgeschlossen worden sind. Damit hat man also für alle $\lambda > o$

$$G_z(A,a,\hat{s} + \lambda\tilde{s}) = G_z(A,a,\tilde{s})$$

oder

$$\hat{s} + \lambda\,\tilde{s} \in S_{G_z(A,a,\tilde{s})} \ .$$

Damit ist der Beweis von 5.3 vollständig.

5.4 Satz: $S_{G_z(A,a,\tilde{s})} \cap \{s \,/\, s > o\}$ ist relativ offen[1] in $\overline{S_{G_z(A,a,\tilde{s})}}$.

Beweis: Seien $s^1, s^2 \in S_{G_z(A,a,\tilde{s})}$ und $s^1 > o$, $s^2 > o$. Wir müssen für hinreichend kleine $\varepsilon > o$

$$(47) \qquad\qquad s^1 - \varepsilon\, s^2 \in S_{G_z(A,a,\tilde{s})}$$

und

$$s^1 - \varepsilon\, s^2 > o$$

zeigen. Die zweite Bedingung ist wegen $s^1 > o$ sicher zu erfüllen. Die Bildung des Ausdrucks $s^1 - \varepsilon\, s^2$ ist nun wieder mit der Transformation (21') verträglich:

$$(s^1 - \varepsilon\, s^2)^* = (s^1)^* - \varepsilon\, (s^2)^* \ .$$

Sei nun I die Indexmenge, für welche die einzelnen Maxima bezüglich s^1 und s^2 in (23') angenommen werden:

$$\max\left\{\frac{s^1_j}{a_j} \,/\, a_j < o\right\} = \frac{s^1_i}{a_i} = \alpha_1 \qquad (i \in I)$$

$$\max\left\{\frac{s^2_j}{a_j} \,/\, a_j < o\right\} = \frac{s^2_i}{a_i} = \alpha_2 \qquad (i \in I) \ .$$

Dann wird für $s^1 - \varepsilon\, s^2$ mit hinreichend kleinem $\varepsilon > o$

---

[1] d.h. offen bezüglich des Teilraumes kleinster Dimension, welcher $\overline{S_{G_z(A,a,\tilde{s})}}$ enthält. Die leere Menge soll relativ offen in jeder Menge sein.

$$\max \left\{ \frac{[s^1 - \varepsilon s^2]_j}{a_j} \ / \ a_j < o \right\} = \max \left\{ \frac{s^1_j}{a_j} - \varepsilon \ \frac{s^2_j}{a_j} \ / \ a_j < o \right\}$$

$$= \max \left\{ \frac{s^1_j}{a_j} \ / \ a_j < o \right\} - \varepsilon \ \alpha_2$$

$$= \alpha_1 - \varepsilon \ \alpha_2 = \frac{s^1_i - \varepsilon \ s^2_i}{a_i} = \frac{[s^1 - \varepsilon \ s^2]_i}{a_i}$$

für alle $i \in I$. Sei nun K entsprechend die Indexmenge, für welche (im Falle $a_{ii} = o$ für festes $i \in I$) die Maxima in (24') angenommen werden:

$$\max \left\{ \frac{1}{a_{ij}} \ (s^1_j - \frac{a_j}{a_i} \ s^1_i) \ / \ a_{ij} < o \right\} = \frac{1}{a_{ik}} \ (s^1_k - \frac{a_k}{a_i} \ s^1_i) = \beta_1 \qquad (k \in K)$$

$$\max \left\{ \frac{1}{a_{ij}} \ (s^2_j - \frac{a_j}{a_i} \ s^2_i) \ / \ a_{ij} < o \right\} = \frac{1}{a_{ik}} \ (s^2_k - \frac{a_k}{a_i} \ s^2_i) = \beta_2 \qquad (k \in K) \ .$$

Dann wird wieder für den Steuervektor $s^1 - \varepsilon \ s^2$ mit hinreichend kleinem $\varepsilon > o$

$$\max \left\{ \frac{1}{a_{ij}} \ ([s^1 - \varepsilon s^2]_j - \frac{a_j}{a_i} \ [s^1 - \varepsilon s^2]_i) \ / \ a_{ij} < o \right\}$$

$$= \max \left\{ \frac{1}{a_{ij}} \ ((s^1_j - \frac{a_j}{a_i} \ s^1_i) - \varepsilon \ (s^2_j - \frac{a_j}{a_i} \ s^2_i)) \ / \ a_{ij} < o \right\}$$

$$= \max \left\{ \frac{1}{a_{ij}} \ (s^1_j - \frac{a_j}{a_i} \ s^1_i) \ / \ a_{ij} < o \right\} - \varepsilon \ \beta_2$$

$$= \beta_1 - \varepsilon \ \beta_2 = \frac{1}{a_{ik}} \ ([s^1 - \varepsilon s^2]_k - \frac{a_k}{a_i} \ [s^1 - \varepsilon \ s^2]_i)$$

für alle $k \in K$. Damit ist (47) gezeigt und der Satz bewiesen.

5.5 <u>Satz:</u> Es gibt eine Partition von S in konvexe polyedrische Kegel[1] derart, daß das Innere jedes Kegels einer bestimmten Kette in G_{bz} vom Start zu einer Lösung entspricht und daß der abgeschlossene Kegel Untergraphen von G_{bz} entspricht, welche die betreffende Kette enthalten. Das relative Innere des Durchschnitts von q verschie-

---

[1] Ein k o n v e x e r   p o l y e d r i s c h e r   K e g e l ist der Durchschnitt von endlich vielen Halbräumen, deren Rand den Nullpunkt enthält.

denen abgeschlossenen Kegeln entspricht einem Untergraphen von G_{bz} mit maximal q-1 Abzweigungen[1]. Der abgeschlossene Durchschnitt entspricht Untergraphen von G_{bz}, welche jenen Untergraphen enthalten. Der Durchschnitt aller abgeschlossenen Kegel (dies ist unter Umständen nur die gemeinsame Spitze $s = o$) entspricht G_{bz} selbst.

Beweis: Sei $\tilde{s} > o$ nichtentartet, also $G_z(A,a,\tilde{s})$ eine Kette. $S_{G_z(A,a,\tilde{s})}$ ist dann ein Kegel der vollen Dimension n, da man $\tilde{s}$ aus Stetigkeitsgründen infinitesimal in jeder Richtung des $\mathbb{R}^n$ so abändern kann, daß keine Entartung (Abzweigung) auftritt. Entsprechend überlegt man sich, daß $S_{G_z(A,a,\tilde{s})}$ für entartetes $\tilde{s}$ nicht die volle Dimension n haben kann. Da zu jedem $s \in S$ ein $G_z(A,a,s)$ gehört, haben wir also eine Menge von konvexen Kegeln vor uns, deren Vereinigung ganz S ergibt und von denen je zwei leeren Durchschnitt haben, wenn man die Ränder der Kegel in geeigneter Weise zu den Kegeln hinzunimmt oder nicht hinzunimmt. Da alle Kegel konvex sind, müssen die berandenden Hyperflächen Hyperebenen sein (konvexe Kegel der Dimension n-1), d.h. es handelt sich um konvexe polyedrische Kegel. Die übrigen Aussagen folgen nun unmittelbar aus den Sätzen 5.1 bis 5.4.

---

[1] nicht Einmündungen!

6. Matrizen mit nichtnegativen (positiven) Hauptminoren

In diesem Abschnitt besprechen wir eine Verallgemeinerung des Begriffs
der Semidefinitheit von Matrizen, die im Zusammenhang mit Hauptaustauschschritten eine Rolle spielt und im nächsten Abschnitt bei der Behand-
lung des sog. Fundamentalproblems gebraucht wird. Nach 2.8 ist eine
symmetrische Matrix genau dann positiv semidefinit, wenn ihre sämtlichen
Hauptminoren $\geq$ o sind und genau dann negativ semidefinit, wenn die Hauptminoren ungerader Reihenzahl $\leq$ o und diejenigen gerader Reihenzahl $\geq$ o
sind. Für strenge Definitheit gilt das Kriterium entsprechend ohne die
Gleichheitszeichen. In den Beweis dieses Kriteriums geht die Symmetrie
der Matrix wesentlich ein. Wir verallgemeinern daher durch die

6.1 <u>Definition:</u> Eine quadratische, aber nicht notwendig symmetrische
Matrix A heißt (s t r e n g) p o s i t i v q u a s i d e -
f i n i t , wenn ihre sämtlichen Hauptminoren nichtnegativ (positiv) sind. A heißt (s t r e n g) n e g a t i v q u a s i d e -
f i n i t , wenn -A (streng) positiv quasidefinit ist.

Die folgenden Aussagen sind unmittelbar ersichtlich: A ist genau dann
(streng) negativ quasidefinit, wenn die Hauptminoren ungerader Reihenzahl nichtpositiv (negativ) und diejenigen gerader Reihenzahl nichtnegativ (positiv) sind. Mit A ist stets auch die Transponierte A' positiv
quasidefinit (negativ quasidefinit, streng quasidefinit). Eine symmetrische Matrix ist genau dann positiv quasidefinit (negativ quasidefinit,
streng quasidefinit), wenn sie positiv semidefinit (negativ semidefinit,
streng definit) ist. Eine streng quasidefinite Matrix ist nichtsingulär.
Dagegen braucht (im Gegensatz zu semidefiniten Matrizen, vgl. 2.5) eine
nichtsinguläre quasidefinite Matrix nicht streng quasidefinit zu sein.
Die Hauptminoren einer schiefsymmetrischen Matrix sind beispielsweise
gleich Null im Falle ungerader Reihenzahl und nichtnegativ im Falle ge-

rader Reihenzahl (Vgl. hierzu auch S. 51). Eine nichtsinguläre schiefsymmetrische Matrix ist also positiv quasidefinit, aber dies nicht im
strengen Sinne.

Für symmetrische Matrizen sind die beiden Begriffe "semidefinit" und
"quasidefinit" äquivalent. Jedoch sind auch alle nichtsymmetrischen
semidefiniten Matrizen in der Klasse der quasidefiniten Matrizen enthalten:

6.2 <u>Satz:</u> Eine nicht notwendig symmetrische positiv semidefinite (negativ semidefinite, streng definite) Matrix ist positiv quasidefinit (negativ quasidefinit, streng quasidefinit).

<u>Beweis:</u> Sei A positiv semidefinit, d.h. sei $x'A\,x \geqq o$ für alle x.
Sei λ ein reeller Eigenwert der Hauptuntermatrix M von A und sei $\tilde{x} \neq o$
der zugehörige (reelle) Eigenvektor, d.h. es gilt

$$M \tilde{x} = \lambda \tilde{x} \ .$$

Wir setzen $x_i = \tilde{x}_i$ für die Indizes, die zu M gehören, und $x_i = o$
sonst. Dann wird

$$x'A\,x = \tilde{x}'M\,\tilde{x} = \lambda\,\tilde{x}'\tilde{x} \geqq o \ .$$

Wegen $\tilde{x}'\tilde{x} > o$ folgt $\lambda \geqq o$. Alle reellen Eigenwerte von M sind also
nichtnegativ.[1] Die nichtreellen Eigenwerte treten paarweise konjugiert
komplex auf und haben folglich ein positives Produkt. Da die Determinante
einer Matrix das Produkt ihrer Eigenwerte ist, folgt $|M| \geqq o$, und da-
mit ist A positiv quasidefinit.

Ist A negativ semidefinit, so betrachte man -A anstelle von A. Ist A
streng definit, so entfallen bei den Abschätzungen die Gleichheitszeichen.

---

[1] Wenn A symmetrisch ist, sind sämtliche Eigenwerte reell.

Zum Beispiel ist eine schiefsymmetrische Matrix gleichzeitig positiv und negativ semidefinit, weil stets $x'A\,x = o$ gilt. Nach 6.2 ist A daher sowohl positiv als auch negativ quasidefinit. Hieraus folgt nach Definition 6.1, daß bei einer schiefsymmetrischen Matrix die Hauptminoren ungerader Reihenzahl gleich Null sein müssen.

Die Umkehrung von Satz 6.2 gilt natürlich nicht. Eine quasidefinite braucht nicht semidefinit zu sein. Beispielsweise ist die Matrix

$$A = \begin{pmatrix} 2 & 1 \\ 5 & 3 \end{pmatrix}$$

positiv quasidefinit (sogar streng), aber nicht positiv semidefinit, denn es gilt für ihren symmetrischen Anteil

$$\left| \frac{A + A'}{2} \right| = \begin{vmatrix} 2 & 3 \\ 3 & 3 \end{vmatrix} < o \; .$$

Quasidefinitheit ist also nur eine Eigenschaft der speziellen Matrix und nicht zugleich der zugehörigen quadratischen Form.

6.3 <u>Satz:</u> Ist die nichtsinguläre Matrix A positiv quasidefinit (negativ quasidefinit, streng quasidefinit), so auch A^{-1}.

<u>Beweis:</u> Sei A eine $(n \times n)$-Matrix, $N = \{1,2,\dots,n\}$ und $I,K \subseteq N$ mit $\#I = \#K$. Für den Zusammenhang zwischen den Minoren von A und A^{-1} gilt dann bekanntlich die Beziehung

$$(48) \qquad \left| (A^{-1})^I_K \right| = \frac{1}{|A|} \left| A^{N-K}_{N-I} \right| (-1)^{\sum_{i \in I} i + \sum_{k \in K} k} \; .$$

Für Hauptminoren wird daraus mit $I = K$

$$\left| (A^{-1})^I_I \right| = \frac{1}{|A|} \left| A^{N-I}_{N-I} \right| \; .$$

Ist nun A z.B. positiv quasidefinit, so hat man $\left| A^{N-I}_{N-I} \right| \geqq o$ und $|A| > o$, also $\left| (A^{-1})^I_I \right| \geqq o$. Wegen $(-A)^{-1} = -(A^{-1})$ ist damit auch

der negative Fall bewiesen. Bei strenger Quasidefinitheit entfallen bei
den Ungleichungen die Gleichheitszeichen.

6.4 <u>Satz:</u> Sei

$$A = \begin{pmatrix} A_{11} & A_{12} \\ A_{21} & A_{22} \end{pmatrix}$$

eine positiv quasidefinite (negativ quasidefinite, streng quasidefinite) quadratische Matrix, und sei A_{11} eine quadratische und
nichtsinguläre Teilmatrix von A. Dann ist auch die Matrix

$$A_{22}^{*} = A_{22} - A_{21}A_{11}^{-1}A_{12}$$

positiv quasidefinit (negativ quasidefinit, streng quasidefinit).

<u>Beweis:</u> Sei A positiv quasidefinit und $|M|$ ein Hauptminor von A, der
A_{11} umfaßt. Dann entsteht durch Anwendung des verallgemeinerten GAUSS-
Algorithmus

$$|M| = \begin{vmatrix} A_{11} & M_{12} \\ M_{21} & M_{22} \end{vmatrix} = \begin{vmatrix} A_{11} & M_{12} \\ 0 & M_{22} - M_{21}A_{11}^{-1}M_{12} \end{vmatrix}$$

$$= |A_{11}| \; |M_{22} - M_{21}A_{11}^{-1}M_{12}| \geqq 0 \; .$$

Wegen $|A_{11}| > 0$ folgt also

$$|M_{22} - M_{21}A_{11}^{-1}M_{12}| \geqq 0 \; .$$

Von dieser Form sind aber gerade die Hauptminoren von A_{22}^{*}.

Ersetzt man A durch $- A$, so erhält man auch $- A_{22}^{*}$ anstelle von A_{22}^{*}. Das
beweist den negativ quasidefiniten Fall. Bei strenger Quasidefinitheit
entfallen wieder die Gleichheitszeichen.

6.5 <u>Satz:</u> Die Matrix A ist positiv quasidefinit genau dann, wenn die
Matrix $A + \varepsilon I$ für jedes $\varepsilon > 0$ streng positiv quasidefinit ist.
A ist negativ quasidefinit genau dann, wenn $A - \varepsilon I$ für jedes
$\varepsilon > 0$ streng negativ quasidefinit ist.

<u>Beweis:</u> Es genügt wieder, den positiven Fall zu beweisen.
1. Sei A positiv quasidefinit und $\varepsilon > 0$. Wir zeigen zuerst, daß auch
die Matrix

$$\tilde{A} = \begin{pmatrix} a_{11}+\varepsilon & A_{12} \\ A_{21} & A_{22} \end{pmatrix}$$

positiv quasidefinit ist. Für einen Hauptminor $|\tilde{M}|$ von $\tilde{A}$, der die
1. Zeile und 1. Spalte enthält, folgt nämlich aus der Entwicklung nach
der 1. Zeile

$$|\tilde{M}| = \begin{vmatrix} a_{11}+\varepsilon & M_{12} \\ M_{21} & M_{22} \end{vmatrix} = |M| + \varepsilon \, |M_{22}| \, .$$

Wegen $|M| \gtreqless 0$ und $|M_{22}| \gtreqless 0$ nach Voraussetzung hat man also
$|\tilde{M}| \gtreqless 0$. Nach Satz 6.4 ist nun mit $\tilde{A}$ auch die Matrix

$$A_{22} - \frac{1}{a_{11}+\varepsilon} A_{21}A_{12}$$

positiv quasidefinit.

Ist nun $a \gtreqless 0$, so folgt selbstverständlich $a + \varepsilon > 0$ für alle
$\varepsilon > 0$. Sei nun der Satz richtig für $(n-1)$-reihige Matrizen, und sei
die $(n \times n)$-Matrix A positiv quasidefinit. Dann sind Hauptminoren von
$A + \varepsilon I$ mit einer Reihenzahl $< n$ nach Induktionsvoraussetzung positiv.
Für $A + \varepsilon I$ selbst wird mit Hilfe des GAUSS-Algorithmus

$$|A + \varepsilon I| = \begin{vmatrix} a_{11}+\varepsilon & A_{12} \\ A_{21} & A_{22}+\varepsilon I \end{vmatrix} = \begin{vmatrix} a_{11}+\varepsilon & A_{12} \\ 0 & A_{22}+\varepsilon I - \frac{1}{a_{11}+\varepsilon} A_{21}A_{12} \end{vmatrix}$$

$$= (a_{11}+\varepsilon) \, |A_{22} - \frac{1}{a_{11}+\varepsilon}A_{21}A_{12} + \varepsilon I| > 0 \, ,$$

denn nach Induktionsvoraussetzung ist die (n-1)-reihige Matrix

$$A_{22} - \frac{1}{a_{11}+\epsilon} A_{21}A_{12} + \epsilon I$$

streng positiv quasidefinit.

2. Gilt umgekehrt für einen Hauptminor $|M + \epsilon I|$ von $A + \epsilon I$ die Ungleichung $|M + \epsilon I| > o$ für jedes $\epsilon > o$, so folgt auf Grund der Stetigkeit der Determinante

$$|M| = \lim_{\epsilon \to o} |M + \epsilon I| \geq o .$$

Im Satz 2.9 wurde die Invarianz der Semidefinitheit unter Hauptaustauschschritten gezeigt. Die allgemeinere Eigenschaft der Quasidefinitheit ist nun ebenfalls unter Hauptaustauschschritten invariant. Zunächst **zeigen** wir

6.6   <u>Satz:</u>   Sei A streng positiv (negativ) quasidefinit und entstehe A^* aus A durch einen Hauptaustauschschritt. Dann ist auch A^* streng positiv (negativ) quasidefinit.

<u>Beweis:</u> Wegen $(-A)^* \neq - (A^*)$ sind der positive und der negative Fall gesondert zu betrachten. Da A streng quasidefinit ist, sind alle Diagonalelemente $a_{11} \neq o$. Es genügt nun, den Satz für (1×1)-Hauptaustauschschritte, d.h. für Austauschschritte mit Diagonalelementen als Pivots, zu zeigen. Denn dann kann man einen beliebigen Hauptaustauschschritt zerlegen in lauter einzelne Austauschschritte, deren Pivotmatrizen Diagonalelemente sind, da diese dann auch bei allen transformierten Matrizen von Null verschieden sind. Sei ohne Beschränkung der Allgemeinheit $a_{11} \neq o$ Pivotelement. Dann gilt für den Hauptminor $a_{11}^* = \frac{1}{a_{11}} > o$ (bzw. $< o$) . Hauptminoren von A^*, die ganz in $A_{22}^* = A_{22} - \frac{1}{a_{11}} A_{21}A_{12}$ liegen, sind nach Satz 6.4 positiv (bzw. negativ). Für Hauptminoren $|M^*|$ von A^*, die das Element a_{11} enthalten,

wird nach dem GAUSS-Algorithmus (M^* sei bezüglich A^* durch die zu strei-
chenden Indexmengen K bestimmt)

$$
|M^*| = \begin{vmatrix} a^*_{11} & M^*_{12} \\ M^*_{21} & M^*_{22} \end{vmatrix}
= \begin{vmatrix} \dfrac{1}{a_{11}} & \left[\dfrac{1}{a_{11}} A_{12}\right]^K_K \\ \left[-\dfrac{1}{a_{11}} A_{21}\right]^K_K & \left[A_{22} - \dfrac{1}{a_{11}} A_{21}A_{12}\right]^K_K \end{vmatrix}
$$

$$
= \begin{vmatrix} \dfrac{1}{a_{11}} & \dfrac{1}{a_{11}} M_{12} \\ -\dfrac{1}{a_{11}} M_{21} & M_{22} - \dfrac{1}{a_{11}} M_{21}M_{12} \end{vmatrix}
= \begin{vmatrix} \dfrac{1}{a_{11}} & \dfrac{1}{a_{11}} M_{12} \\ o & M_{22} \end{vmatrix}
$$

$$
= \frac{1}{a_{11}} |M_{22}| > o \; ,
$$

falls A streng positiv quasidefinit ist. Ist A streng negativ quasidefinit, so folgt

$$
\operatorname{sgn} |M^*| = \operatorname{sgn} a_{11} \cdot \operatorname{sgn} |M_{22}| = - \operatorname{sgn} |M_{22}| \; ,
$$

wie es sein soll, denn M_{22} hat eine Zeile und Spalte weniger als M^*.

Die Satz 6.6 entsprechende Aussage gilt auch für quasidefinite Matrizen,
die es nicht im strengen Sinne sind:

6.7 <u>Satz:</u> Sei A positiv (negativ) quasidefinit und entstehe A^* aus A

durch einen Hauptaustauschschritt. Dann ist auch A^* positiv (nega-

tiv) quasidefinit.

<u>Beweis:</u> Wir führen diese Aussage mittels Stetigkeitsbetrachtungen auf

Satz 6.6 zurück. Bekanntlich gilt:

(49) Die Determinante ist eine stetige Funktion jedes ihrer Elemente.

(50) Jedes Element der Inversen A^{-1} ist eine stetige Funktion der Ele-

mente von A.

Die Eigenschaft (50) folgt aus der Eigenschaft (49), weil ein Element

α_{ik} von A^{-1} nach (48) die Darstellung

$$\alpha_{1k} = \frac{1}{|A|} \left|A_1^k\right| (-1)^{1+k}$$

hat. Sei nun A positiv quasidefinit. Dann ist

$$A(\varepsilon) = A + \varepsilon \, I$$

für jedes $\varepsilon > 0$ nach Satz 6.5 eine streng positiv quasidefinite Matrix. Wenn nun $A_{11}(\varepsilon)$ in $A(\varepsilon)$ eine Hauptpivotmatrix ist, so ist nach Satz 6.6 auch die Matrix

$$\left[A(\varepsilon)\right]^* = \begin{pmatrix} \left[A_{11}(\varepsilon)\right]^{-1} & \left[A_{11}(\varepsilon)\right]^{-1} A_{12} \\[2mm] -\, A_{21}\left[A_{11}(\varepsilon)\right]^{-1} & A_{22}(\varepsilon) -\, A_{21}\left[A_{11}(\varepsilon)\right]^{-1} A_{12} \end{pmatrix}$$

streng positiv quasidefinit. Nach (50) ist jedes Element von $\left[A(\varepsilon)\right]^*$ eine stetige Funktion jedes der Elemente von $A(\varepsilon)$ und damit auch von ε. Dasselbe gilt natürlich auch für jede Hauptuntermatrix $\left[M(\varepsilon)\right]^*$ von $\left[A(\varepsilon)\right]^*$. Nach (49) ist dann auch $\left|\left[M(\varepsilon)\right]^*\right|$ eine stetige Funktion von ε. Daher folgt aus

$$\left|\left[M(\varepsilon)\right]^*\right| > 0$$

für den $\left|\left[M(\varepsilon)\right]^*\right|$ entsprechenden Hauptminor $|M^*|$ von A^*

$$|M^*| = \lim_{\varepsilon \to 0} \left|\left[M(\varepsilon)\right]^*\right| \geqq 0 \ .$$

Also ist A^* positiv quasidefinit. Den negativen Fall zeigt man analog.

7. Über das Fundamentalproblem

In Abschnitt 3 hatten wir gesehen, daß sich die quadratische und lineare
Optimierung der folgenden Problemstellung unterordnet:

$$(51) \qquad \begin{cases} A\,x + y = a \\ x \geqq o \;,\; y \geqq o \end{cases}$$

$$(52) \qquad\qquad x'y = o \;.$$

Im quadratischen Fall war

$$(53) \qquad\qquad A = \begin{pmatrix} O & B \\ -B' & -2C \end{pmatrix} \;,$$

wo B die Koeffizientenmatrix des linearen Ungleichungssystems und C die
positiv semidefinite Matrix der quadratischen Form der Zielfunktion be-
deutete. Im Fall der linearen Optimierung war C = O zu setzen. Die
negativ semidefinite Matrix A gemäß (53) hat nun eine besondere Struktur, die z.B. darin besteht, daß sich ihr symmetrischer und ihr schief-
symmetrischer Anteil nicht überlappen. Auch diese Eigenschaft bleibt,
wie man zeigen kann, unter Hauptaustauschschritten erhalten. Bei dem
in Abschnitt 3 und 4 dargestellten Algorithmus wurde diese besondere
Struktur der Matrix A jedoch gar nicht benutzt. Es wurde lediglich die
negative Semidefinitheit von A verwendet. Dies legt es nahe, allgemeiner das System (51), (52) zu betrachten. Der dargestellte Algorithmus
der Hauptaustauschschritte liefert dann konstruktive Beweise für die
Existenz von Lösungen des Problems (51), (52) unter gewissen Voraus-
setzungen für die Matrix A.

7.1 <u>Definition:</u> Die Beziehungen (51) und (52) heißen F u n d a -
        m e n t a l p r o b l e m . Das lineare Ungleichungssystem (51)
        allein heißt F u n d a m e n t a l s y s t e m .

Sei nun A negativ semidefinit. Der Algorithmus der Hauptaustauschschritte bricht dann bei Verwendung von s-zulässigen Austauschschritten mit nichtentarteten s nach 4.2 auf jeden Fall ab: entweder mit einer Lösung oder aber mit der Feststellung, daß es für ein i mit $a_i < o$ und $a_{ii} = o$ kein k gibt mit $a_{ik} < o$. Das ist ein Zeichen für die Inkonsistenz des Fundamentalsystems. Also folgt aus den Ausführungen der Abschnitte 3 und 4 unmittelbar

7.2 <u>Satz:</u> Ist A negativ semidefinit und das Fundamentalsystem (51) konsistent, so hat das Fundamentalproblem (51), (52) eine Lösung.

Wir betrachten nun den Sonderfall, daß A sogar streng negativ definit ist. Nach Satz 2.9 bleibt diese Eigenschaft unter Hauptaustauschschritten erhalten. Während des Algorithmus sind die zulässigen Pivotmatrizen also stets Diagonalelemente. Daher muß das Verfahren stets zu einer Lösung führen, denn es kann nach 4.1 wegen Unlösbarkeit nur bei einem (2×2)-Schritt abbrechen. Es folgt also das etwas überraschende Ergebnis:

7.3 <u>Satz:</u> Ist A streng negativ definit, so hat das Fundamentalproblem (51), (52) für j e d e n Vektor a stets eine Lösung.

Die Lösung ist in diesem Falle eindeutig:

7.4 <u>Satz:</u> Ist A streng negativ definit, so hat das Fundamentalproblem genau eine Lösung.

<u>Beweis:</u> Seien $\begin{pmatrix} x^1 \\ y^1 \end{pmatrix}$ und $\begin{pmatrix} x^2 \\ y^2 \end{pmatrix}$ Lösungen von (51), (52). Dann folgt

$$x^{1\prime}A\,x^1 = x^{1\prime}a - x^{1\prime}y^1$$

$$x^{2\prime}A\,x^2 = x^{2\prime}a - x^{2\prime}y^2$$

$$x^{2\prime}A\,x^1 = x^{2\prime}a - x^{2\prime}y^1$$

$$x^{1}{}'A\ x^{2} = x^{1}{}'a - x^{1}{}'y^{2} \ .$$

Damit wird

$$(x^{1}-x^{2})'A\ (x^{1}-x^{2}) = x^{1}{}'A\ x^{1} + x^{2}{}'A\ x^{2} - x^{2}{}'A\ x^{1} - x^{1}{}'A\ x^{2}$$

$$=-x^{1}{}'y^{1} - x^{2}{}'y^{2} + x^{2}{}'y^{1} + x^{1}{}'y^{2}$$

$$= x^{2}{}'y^{1} + x^{1}{}'y^{2} \geqq 0 \ .$$

Andererseits gilt aber, weil A streng negativ definit ist,

$$(x^{1}-x^{2})'A\ (x^{1}-x^{2}) < 0$$

für $x^{1} \neq x^{2}$. Also muß $x^{1} = x^{2}$ sein. Dann folgt

$$y^{1} - y^{2} = A\ (x^{2}-x^{1}) = 0 \ ,$$

also auch $y^{1} = y^{2}$.

Satz 7.3 und 7.4 haben die folgende Verallgemeinerung:

7.5 <u>Satz:</u> Ist A streng negativ quasidefinit, so ist das Fundamentalproblem (51), (52) für jeden Vektor a lösbar. Die Lösung ist eindeutig bestimmt.

<u>Beweis:</u> 1. Die Existenz der Lösung folgt wie bei 7.3 aus der Invarianz
der strengen Quasidefinitheit unter Hauptaustauschschritten (Satz 6.6)
und der Anwendung des Algorithmus, weil wieder nur (1×1)-Schritte in-
frage kommen.

2. Seien $\begin{pmatrix} x^{1} \\ y^{1} \end{pmatrix}$ und $\begin{pmatrix} x^{2} \\ y^{2} \end{pmatrix}$ Lösungen von (51), (52). Dann gilt

$$(54) \qquad\qquad y^{2} - y^{1} = A\ (x^{1}-x^{2}) \ .$$

Weiter wird für alle $i=1,\dots,n$

$$(x_{i}^{1} - x_{i}^{2})\ (y_{i}^{2} - y_{i}^{1}) = x_{i}^{1}\ y_{i}^{2} + x_{i}^{2}\ y_{i}^{1} - x_{i}^{1}\ y_{i}^{1} - x_{i}^{2}\ y_{i}^{2}$$

$$= x_{i}^{1}\ y_{i}^{2} + x_{i}^{2}\ y_{i}^{1} \geqq 0 \ ,$$

denn wegen $x \geq o$, $y \geq o$ gilt $x_i \, y_i = o$ über (52) hinaus auch komponentenweise. Für jedes i haben $(x_i^1 - x_i^2)$ und $(y_i^2 - y_i^1)$ also stets dasselbe Vorzeichen. Daher gibt es eine Diagonalmatrix $D \geq O$ mit

$$y^2 - y^1 = D \, (x^1 - x^2) \ .$$

Mit (54) zusammen wird dann

$$(D - A) \, (x^1 - x^2) = o \ .$$

Da $-A$ streng positiv quasidefinit ist, hat man $|-A| > o$. Wie beim Beweis von Satz 6.5 kann man zeigen, daß die Determinante höchstens größer wird, wenn man in der Diagonalen noch lauter nichtnegative Elemente hinzuaddiert, d.h. es gilt erst recht $|D - A| \neq o$. Daraus folgt $x^1 - x^2 = o$, also $x^1 = x^2$ und nach (54) auch $y^1 = y^2$, d.h. die Lösung ist eindeutig.

Ist A dagegen lediglich negativ quasidefinit, also dies nicht streng, so kann man den Algorithmus nicht anwenden, weil die nach den Regeln 3.3 bzw. 4.1 gewählten (2×2)-Pivotmatrizen die erforderlichen Eigenschaften i.a. nicht besitzen: Im Falle $a_{11} = o$ ist für $a_{1k} < o$ durchaus $a_{k1} \leq o$ möglich, d.h. die (2×2)-Matrix könnte sogar singulär sein. Bei praktischen Rechnungen kann man sich mit einer "ε-Störung" des Fundamentalproblems behelfen:

$$(55) \qquad \begin{aligned} (A - \varepsilon \, I) \, x + y &= a \\ x &\geq o \, , \quad y \geq o \\ x'y &= o \ . \end{aligned}$$

Dann ist $A - \varepsilon \, I$ nach Satz 6.5 streng negativ quasidefinit, und das ε-gestörte Problem (55) hat nach Satz 7.5 für jedes $\varepsilon > o$ eine eindeutig bestimmte Lösung. Wenn nun das ungestörte Fundamentalproblem lösbar ist, kann man erwarten, daß diese eindeutig bestimmte Lösung für $\varepsilon \to o$ gegen eine Lösung des ungestörten Problems konvergiert.

Den schiefsymmetrischen Spezialfall von Satz 7.2 wollen wir noch extra anschreiben:

7.6 <u>Satz:</u> Ist A schiefsymmetrisch und das Fundamentalsystem (51) konsistent, so ist das Fundamentalproblem (51), (52) lösbar.

Aus dieser Aussage folgen auf einfache Weise der Existenzsatz der linearen Optimierung und der Hauptsatz der Zweipersonen-Nullsummenspiele.
Zu diesem Zweck betrachten wir die beiden dualen linearen Optimierungsaufgaben

$$\max \{p'x \ / \ B\,x \leq b, \ x \geq o\}$$
(56)
$$\min \{b'u \ / \ B'u \geq p, \ u \geq o\} \ .$$

Sie besitzen bekanntlich dieselben KUHN-TUCKER-Bedingungen, für welche
sich nach (16) bis (19) ergibt

$$\begin{pmatrix} O & B \\ -B' & O \end{pmatrix} \begin{pmatrix} u \\ x \end{pmatrix} + \begin{pmatrix} y \\ v \end{pmatrix} = \begin{pmatrix} b \\ -p \end{pmatrix}$$

$$x \geq o \ , \ v \geq o \ , \ u \geq o \ , \ y \geq o$$

$$x'v = o \ , \ y'u = o \ .$$

(Gegenüber (19) steht hier -p anstelle von p, weil in der ersten Aufgabe das Maximum gesucht ist.) Die Konsistenz des Fundamentalsystems
ist nun gerade gleichbedeutend mit der Existenz von zulässigen Vektoren
für die beiden Aufgaben (56). Daher erhält man zu 7.6 sofort das folgende

7.7 <u>Korollar:</u> Haben die beiden dualen linearen Optimierungsaufgaben
(56) zulässige Punkte, so haben beide Aufgaben auch optimale Punkte.

Es sei nun e ein Vektor aus lauter Einsen, die Dimension sei jeweils
passend gewählt. Wir betrachten die beiden speziellen dualen linearen
Optimierungsaufgaben

$$\max \{e'x \; / \; B x \leq e \; , \; x \geq o\}$$
$$\min \{e'u \; / \; B'u \geq e \; , \; u \geq o\} \; ,$$

das folgende Fundamentalproblem führen:

$$\begin{pmatrix} O & B \\ -B' & O \end{pmatrix} \begin{pmatrix} u \\ x \end{pmatrix} + \begin{pmatrix} y \\ v \end{pmatrix} = \begin{pmatrix} e \\ -e \end{pmatrix}$$

$$x \geq o \; , \; u \geq o \; , \; y \geq o \; , \; v \geq o$$

$$x'v = o \; , \quad y'u = o \; .$$

bekannt, daß die Bestimmung optimaler (gemischter) Strategien

Zweipersonen-Nullsummenspiel mit der Gewinnmatrix B äquivalent

den beiden dualen Aufgaben (57). Ferner kann man ohne Beschrän-

r Allgemeinheit $B > O$ annehmen. Denn sind x^o, u^o optimale

ien für das Spiel mit der Matrix B, so auch für das Spiel mit

rix $B + \beta E$, wo β ein beliebiger Skalar und E die Matrix aus

Einsen ist. Aus

$$u^{o}{}'B \; x \leq u^{o}{}'B \; x^{o} \leq u'B \; x^{o}$$

e gemischten Strategien x und u folgt nämlich wegen

$$u^{o}{}'E \; x = u^{o}{}'E \; x^{o} = u'E \; x^{o} = 1)$$

iehung

$$u^{o}{}'(B + \beta E) \; x \leq u^{o}{}'(B + \beta E) \; x^{o} \leq u'(B + \beta E) \; x^{o} \; .$$

an nun in (57) etwa $x = o$ und die Komponenten von u hinreichend

o sieht man mittels $B > O$, daß die beiden Aufgaben (57) zu-

Punkte aufweisen, bzw. daß das zugehörige Fundamentalsystem

ent ist. Daher hat man

rollar: Ein Zweipersonen-Nullsummenspiel hat stets einen Wert[1],

i es gibt stets optimale (gemischte) Strategien für beide Spie-

r.

---

x^o, u^o optimale Strategien, so heißt $u^{o}{}'B \; x^{o}$ **W e r t** des

ls. Er ist stets eindeutig bestimmt.

Am Schluß wollen wir nun noch einige Bemerkungen über Zweipersonen-Nichtnullsummenspiele, also Bimatrixspiele, machen. Die Existenz eines Gleichgewichtspunktes für ein Bimatrixspiel ist ebenfalls äquivalent zu einem Fundamentalproblem (vgl. etwa [5]). Sind die beiden $(m \times n)$-Matrizen B und C die Gewinn- bzw. Verlustmatrix für die beiden Spieler, so kann man dem Fundamentalproblem die folgende Form geben:

$$\begin{pmatrix} O & B \\ -C' & O \end{pmatrix} \begin{pmatrix} u \\ x \end{pmatrix} + \begin{pmatrix} y \\ v \end{pmatrix} = \begin{pmatrix} e \\ -e \end{pmatrix} \quad \text{mit} \quad B > O \;, \; C > O$$

$$x \geq o \;,\; y \geq o \;,\; u \geq o \;,\; v \geq o$$

$$x'v = o \;,\quad y'u = o \;.$$

Im Sonderfall $B = C$ geht dies wieder in den Fall eines Zweipersonen-Nullsummenspiels über. Auch hier ist das Fundamentalsystem konsistent. Aber leider gilt kein entsprechender Invarianzsatz für Hauptaustauschschritte, so daß der Algorithmus nicht anwendbar ist. Auf die Ausgangsmatrix

$$A = \begin{pmatrix} O & B \\ -C' & O \end{pmatrix} \quad \text{mit} \quad B > O \;,\; C > O$$

ist das Verfahren wohl anwendbar, weil A die folgenden Eigenschaften hat (eine Verallgemeinerung der schiefen Symmetrie):

$$a_{ii} = o \quad (i=1,\dots,m+n)$$

$$a_{ik} = o \iff a_{ki} = o$$

$$a_{ik} < o \iff a_{ki} > o \;.$$

Diese Eigenschaften bleiben aber unter Hauptaustauschschritten für beliebige Matrizen $B > O$, $C > O$ i.a. nicht erhalten.

In [13] hat LEMKE ein Verfahren zur Lösung des Fundamentalproblems für den Fall der Bimatrixspiele angegeben. Dieses arbeitet nicht mit Hauptaustauschschritten, also nicht mit stets komplementären Basis- und Nichtbasisvariablen. Es arbeitet mit "fast-komplementären" Lösungen des Systems, bei denen die Bedingung $x'y = o$ jeweils für ein komplementäres Variablenpaar verletzt ist.

<u>L i t e r a t u r</u>

[1]   ABADIE,J.(Ed.): Nonlinear programming, Amsterdam 1967.

[2]   BELLMAN,R. and M.HALL (Eds.): Combinatorial Analysis.
          Proceedings of symposia in Appl. Mathem. Vol. X.
          Providence R.I. 1960.

[3]   COTTLE,R.W.: The principal pivoting method of quadratic program-
          ming. In [7].

[4]   COTTLE,R.W.: On a problem in linear inequalities. Journ. London
          Math. Soc. $\underline{43}$, 1968.

[5]   COTTLE,R.W. and G.B.DANTZIG: Complementary pivot theory of mathe-
          matical programming. In [7].

[6]   DANTZIG,G.B. and R.W.COTTLE: Positive (semi-)definite programming.
          In [1].

[7]   DANTZIG,G.B. and A.F.VEINOTT (Eds.): Mathematics of the Decision
          Sciences. Vol. I. Providence R.I. 1968.

[8]   FIEDLER,M. and PTÁK,V.: Some generalizations of positive de-
          finiteness and monotonicity. Num.Math. $\underline{9}$, 1966.

[9]   GANTMACHER,F.R.: Matrizenrechnung I, Berlin 1958.

[10] GRAVES,R.L.: A principal pivoting simplex algorithm for linear
          and quadratic programming. Oper. Res. $\underline{15}$, 1967.

[11] KOWALEWSKI,G.: Einführung in die Determinantentheorie. Berlin
          ^{4}1954.

[12] KÜNZI,H.P. und W.KRELLE: Nichtlineare Programmierung. Berlin/
          Göttingen/Heidelberg 1962.

[13] LEMKE,C.E.: Bimatrix equilibrium points and mathematical pro-
          gramming. Manag. Sci. $\underline{11}$, 1965.

[14] TUCKER,A.W.: A combinatorial equivalence of matrices. In [2].

[15] TUCKER,A.W.: Principal pivotal transforms of square matrices.
          SIAM Rev. $\underline{5}$, 1963.

[16] VOGEL,W.: Lineares Optimieren, Leipzig ^{2}1970.

Lecture Notes in Operations Research and Mathematical Systems

Vol. 1: H. Bühlmann, H. Loeffel, E. Nievergelt, Einführung in die Theorie und Praxis der Entscheidung bei Unsicherheit. 2. Auflage, IV, 125 Seiten 4°. 1969. DM 12,– / US $ 3.30

Vol. 2: U. N. Bhat, A Study of the Queueing Systems M/G/1 and GI/M/1. VIII, 78 pages. 4°. 1968. DM 8,80 / US $ 2.50

Vol. 3: A. Strauss, An Introduction to Optimal Control Theory. VI, 153 pages. 4°. 1968. DM 14,– / US $ 3.90

Vol. 4: Einführung in die Methode Branch and Bound. Herausgegeben von F. Weinberg. VIII, 159 Seiten. 4°. 1968. DM 14,– / US $ 3.90

Vol. 5: L. Hyvärinen, Information Theory for Systems Engineers. VIII, 205 pages. 4°. 1968. DM 15,20 / US $ 4.20

Vol. 6: H. P. Künzi, O. Müller, E. Nievergelt, Einführungskursus in die dynamische Programmierung. IV, 103 Seiten. 4°. 1968. DM 9,– / US $ 2.50

Vol. 7: W. Popp, Einführung in die Theorie der Lagerhaltung. VI, 173 Seiten. 4°. 1968. DM 14,80 / US $ 4.10

Vol. 8: J. Teghem, J. Loris-Teghem, J. P. Lambotte, Modèles d'Attente M/G/1 et GI/M/1 à Arrivées et Services en Groupes. IV, 53 pages. 4°. 1969. DM 6,– / US $ 1.70

Vol. 9: E. Schultze, Einführung in die mathematischen Grundlagen der Informationstheorie. VI, 116 Seiten. 4°. 1969. DM 10,– / US $ 2.80

Vol. 10: D. Hochstädter, Stochastische Lagerhaltungsmodelle. VI, 269 Seiten. 4°. 1969. DM 18,– / US $ 5.00

Vol. 11/12: Mathematical Systems Theory and Economics. Edited by H. W. Kuhn and G. P. Szegö. VIII, IV, 486 pages. 4°. 1969. DM 34,– / US $ 9.40

Vol. 13: Heuristische Planungsmethoden. Herausgegeben von F. Weinberg und C. A. Zehnder. II, 93 Seiten. 4°. 1969. DM 8,– / US $ 2.20

Vol. 14: Computing Methods in Optimization Problems. Edited by A. V. Balakrishnan. V, 191 pages. 4°. 1969. DM 14,– / US $ 3.90

Vol. 15: Economic Models, Estimation and Risk Programming: Essays in Honor of Gerhard Tintner. Edited by K. A. Fox, G. V. L. Narasimham and J. K. Sengupta. VIII, 461 pages. 4°. 1969. DM 24,– / US $ 6.60

Vol. 16: H. P. Künzi und W. Oettli, Nichtlineare Optimierung: Neuere Verfahren, Bibliographie. IV, 180 Seiten. 4°. 1969. DM 12,– / US $ 3.30

Vol. 17: H. Bauer und K. Neumann, Berechnung optimaler Steuerungen, Maximumprinzip und dynamische Optimierung. VIII, 188 Seiten. 4°. 1969. DM 14,– / US $ 3.90

Vol. 18: M. Wolff, Optimale Instandhaltungspolitiken in einfachen Systemen. V, 143 Seiten. 4°. 1970. DM 12,– / US $ 3.30

Vol. 19: L. Hyvärinen, Mathematical Modeling for Industrial Processes. VI, 122 pages. 4°. 1970. DM 10,– / US $ 2.80

Vol. 20: G. Uebe, Optimale Fahrpläne. IX, 161 Seiten. 4°. 1970. DM 12,– / US $ 3.30

Vol. 21: Th. Liebling, Graphentheorie in Planungs- und Tourenproblemen am Beispiel des städtischen Straßendienstes. IX, 118 Seiten. 4°. 1970. DM 12,– / US $ 3.30

Vol. 22: W. Eichhorn, Theorie der homogenen Produktionsfunktion. VIII, 119 Seiten. 4°. 1970. DM 12,– / US $ 3.30

Vol. 23: A. Ghosal, Some Aspects of Queueing and Storage Systems. IV, 93 pages. 4°. 1970. DM 10,– / US $ 2.80

Vol. 24: Feichtinger, Lernprozesse in stochastischen Automaten.
V, 66 Seiten. 4°. 1970. DM 6,– / $ 1.70

Vol. 25: R. Henn und O. Opitz, Konsum- und Produktionstheorie I.
II, 124 Seiten. 4°. 1970. DM 10,– / $ 2.80

Vol. 26: D. Hochstädter und G. Uebe, Ökonometrische Methoden.
XII, 250 Seiten. 4°. 1970. DM 18,– / $ 5.00

Vol. 27: I. H. Mufti, Computational Methods in Optimal Control Problems.
IV, 45 pages. 4°. 1970. DM 6,– / $ 1.70

Vol. 28: Theoretical Approaches to Non-Numerical Problem Solving. Edited by R. B. Banerji and
M. D. Mesarovic. VI, 466 pages. 4°. 1970. DM 24,– / $ 6.60

Vol. 29: S. E. Elmaghraby, Some Network Models in Management Science.
III, 177 pages. 4°. 1970. DM 16,– / $ 4.40

Vol. 30: H. Noltemeier, Sensitivitätsanalyse bei diskreten linearen Optimierungsproblemen.
VI, 102 Seiten. 4°. 1970. DM 10,– / $ 2.80

Vol. 31: M. Kühlmeyer, Die nichtzentrale t-Verteilung.
II, 106 Seiten. 4°. 1970. DM 10,– / $ 2.80

Vol. 32: F. Bartholomes und G. Hotz, Homomorphismen und Reduktionen linearer Sprachen.
XII, 143 Seiten. 4°. 1970. DM 14,– / $ 3.90

Vol. 33: K. Hinderer, Foundations of Non-stationary Dynamic Programming with Discrete Time Parameter.
VI, 160 pages. 4°. 1970. DM 16,– / $ 4.40

Vol. 34: H. Störmer, Semi-Markoff-Prozesse mit endlich vielen Zuständen. Theorie und Anwendungen.
VII, 128 Seiten. 4°. 1970. DM 12,– / $ 3.30

Vol. 35: F. Ferschl, Markovketten. VI, 168 Seiten. 4°. 1970. DM 14,– / $ 3.90

Vol. 36: M. P. J. Magill, On a General Economic Theory of Motion.
VI, 95 pages. 4°. 1970. DM 10,– / $ 2.80

Vol. 37: H. Müller-Merbach, On Round-Off Errors in Linear Programming.
VI, 48 pages. 4°. 1970. DM 10,– / $ 2.80

Vol. 38: Statistische Methoden I, herausgegeben von E. Walter.
VIII. 338 Seiten. 4°. 1970. DM 22,– / $ 6.10

Vol. 39: Statistische Methoden II, herausgegeben von E. Walter.
IV, 155 Seiten. 4°. 1970. DM 14,– / $ 3.90

Vol. 40: H. Drygas, The Coordinate-Free Approach to Gauss-Markov Estimation.
VIII, 113 pages. 4°. 1970. DM 12,– / $ 3.30

Vol. 41: U. Ueing, Zwei Lösungsmethoden für nichtkonvexe Programmierungsprobleme.
IV, 92 pages. 4°, 1971. DM 16,– / $ 4.40

Vol. 42: A.V. Balakrishnan, Introduction to Optimization Theory in a Hilbert Space.
IV, 153 pages. 4°, 1971. DM 16,– / $ 4.40

Vol. 43: J. A. Morales, Bayesian Full Information Structural Analysis.
VI, 154 pages. 4°, 1971. DM 16,– / $ 4.40

Vol. 44: G. Feichtinger, Stochastische Modelle demographischer Prozesse
XIII, 404 pages. 4°, 1971. DM 28,– / $ 7.70

Vol. 45: K. Wendler, Hauptaustauschschritte (Principal Pivoting).
II, 65 pages. 4°, 1971. DM 16,– / $ 4.40